大合流

信息技术
和╱新全球化

THE GREAT
CONVERGENCE

Information Technology and the New Globalization

[瑞士] 理查德 · 鲍德温 —— 著

李志远　刘晓捷　罗长远 —— 译

格致出版社　　上海人民出版社

体的直觉又很大程度上受到个人经验的影响。例如，国际贸易对于每个个人福利可能有很大的正向影响，但这种影响未必能够被个人直观的体验。

其次，国际贸易的受益群体覆盖较大，但群体中每个个人受到的福利相对较小。而国际贸易带来损害的群体可能较小，但这个群体中每个个人受到的损害却相对较大。这就会造成支持国际贸易群体的集体行动困难，支持国际贸易的群体难以被组织起来集体发声。

再次，正如克鲁格曼所言，国际贸易的理论洞见如比较优势等概念很多是反直觉的，天然不利于普通民众理解。一旦某国可以以较低的成本生产某个产品，甚至只要某国可以生产这个产品（即使成本很高）时，很多人可能会根据直觉得出该国不需要进口这个产品的结论。又或者，如果有某种产品一国不能够生产，以及进口某种产品需要付出较高的价格时，很多人可能会根据直觉得出该国应该努力研发并自主生产该产品的结论。

当前，国际贸易与国际分工在全球很多国家面临着极其困难的境况。各国国际贸易实践与思想已经越来越接近混乱的状态。在这样的背景下，理解世界经济的发展历史，理解经济发展过程中相应国际贸易的发展历史，以及各个历史阶段中国际贸易的本质，有助于我们更好的克服简单化、直觉化的倾向，研究和理解国际贸易的动机、福利影响以及不良后果，在经济发展政策选择中做出最睿智有利的决策。

著名国际贸易学家鲍德温的这本著作恰好在这一方面作出了重要的贡献。首先，著作的关注点着眼于几千年来世界经济格局的变迁。从古老文明对世界经济达几千年的统治地位，到19世纪出现不到200年的国家（即现在的主要发达国家）对古老文明经济地位的替代，再到1990年起在短短20年内完全逆转发达国家上升趋势的新

译者序

　　分工本身是经济生活中的一个简单而又强大的原理。分工，即便其不改变生产的效率，都能够使得分工参与者获得贸易利得。在一个家庭内部，在一个村庄内部，在一个城市内部，无时无刻不发生着分工以及伴随着分工的商品和服务交换。人类从农业社会走向工业社会，并在工业社会逃离马尔萨斯陷阱，其根源也在于工业社会为人类提供了进一步分工的可能性。

　　将分工从个体的层面拓展到国家的层面，这就是所谓的"国际贸易"。国际贸易的发展紧密地伴随着一国科技的进步和经济的增长。在生产全球化发展之前，工业化的发达国家间进行大量的贸易，分工发生在发达国家经济体内部或之间，知识累积保留在发达经济体内。发达经济体由此成为世界贸易体系的主要参与者，而发展中国家则很少能有机会参与到国际分工中来。生产全球化发展之后，生产环节的分工使得一国不再需要全部要素，而只要具有某种要素即可参与分工。对中国而言，资本与知识可以通过外国直接投资的形式进入中国，从而可以结合中国丰富的要素——劳动力——进行生产，并在生产的过程实现资本和技术的累积与创新。由此，生产全球化革命为中国（以及很多发展中国家）参与全球生产与竞争提供了一个分水岭似的机会。

　　具有讽刺意味的是，分工在个体层面的好处似乎很容易被公众接受，但一旦提升到国家的层面，"国际贸易"带来的国际分工对经济和福利的好处则往往容易被忽视或忘记。

　　首先，公众对于国际贸易的观感主要还是来自个体的直觉，而个兴市场国家的崛起,鲍德温清晰地展示了这些反转过程中国际贸易与经济发展间螺旋上升、互相促进的关系。从数千年间的历史走向,读者可以更直观的感受国际贸易在大国崛起与衰落中所起的作用。

其次,鲍德温深刻地指出在这些世界经济格局变迁阶段中,国际贸易本质的变化过程。使用最朴实的语言来描述这些过程:在西方发达国家崛起之前,贸易的本质是人类与土地的捆绑,也即生产与消费的捆绑。西方发达国家的崛起则伴随着生产与消费的解绑,但是生产的全部过程仍然捆绑在一起。20 世纪新兴市场国家的崛起则本质来源于生产过程的解绑,或者说生产全球化的发展。从如此简单但深刻的描述中,读者可以自行判断,是否是国际贸易本质的变化带来了国际贸易的变化,进而影响世界经济格局的变迁。

再次,鲍德温将更多的精力集中于解构世界经济格局的最后一个阶段,生产全球化的阶段。通过研究这一阶段,即"新的全球化"相较于过往贸易实践的全新特点,鲍德温指出生产全球化将对企业、行业、个人与经济体产生怎样的影响。如今,这些影响(以及其反作用力)已经正在重塑世界经济与政治格局,其未来的进一步发展让我们拭目以待。

译者在全书的翻译中分工为,绪言以及第 1 章至第 5 章由李志远翻译,第 6 章至第 10 章由罗长远、刘晓捷翻译。译者感谢在翻译的过程中支持与参与过的师长、同仁和同学们。由于水平所限,翻译谬误在所难免,欢迎各位读者多多指出问题与错误,以备进一步修正。

目　录

第五部分　展望未来

绪　论

　　本书旨在改变读者对全球化的认知。要理解全球化,关键在于了解 1990 年前后发生的信息与通信技术革命,以及这场革命对全球化进程的根本改变。这里的两个问题,信息与通信技术革命如何改变全球化,以及其对世界产生了怎样的影响,其答案看起来似乎显而易见,但实际上却需要一些背景知识才能真正理解。让我们一起回望过去,在历史中找寻答案。

　　全球化在 19 世纪初得到第一次飞跃发展,这可以归功于蒸汽动力普及和世界格局稳定带来的商品运输成本的降低。全球化的第二次飞跃则可归功于 20 世纪末的信息与通信技术发展。这一领域的进步大大降低了思想交流成本,像图 1 所展示的那样,这两次飞跃——我们称它们为旧全球化和新全球化——对世界经济格局产生了截然不同的影响。

　　自 19 世纪早期开始,商品贸易成本的降低推动了贸易、工业化和经济发展,并引发了历史上最为戏剧化的国家经济地位反转。主宰世界经济长达 4 000 年的亚洲和中东古老文明渐渐被出现不到 200 年的当今的发达国家所取代。这一结果——历史学家通常称为"大分流"(the Great Divergence)——解释了为什么经济、政治、文化和军事力量等会高度集中于少数发达国家手中。

　　从 1990 年开始,这种趋势发生了反转,即发达国家持续近一个世纪的上升趋势在短短 20 年内就被完全逆转,它们占全球收入的比重跌回到 1914 年的水平。这一趋势——被称为"大合流"(the Great Convergence)——毫无疑问是过去二三十年来最重要的经济现象,

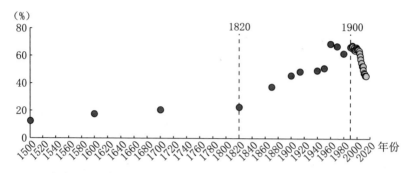

图 1　全球化进程在 1990 年前后的反转（G7 国家占全球收入比重惊人逆转）

　　始于 1820 年前后的现代全球化进程和西方发达国家（简称 G7，包括美国、德国、日本、法国、英国、加拿大和意大利）的极速现代化有着密切的联系。发达国家的极速现代化在各国内部形成产业集聚、产业革新，再到产业发展的循环螺旋发展模式。这样的发展使 G7 国家经济达到史诗般的繁荣。1820 年到 1990 年间，G7 国家占全球收入比重从 20％上升到近 67％。

　　但这一螺旋上升发展趋势在 20 世纪 80 年代中期受到挑战，1990 年前后发生逆转。这以后的几十年里，G7 国家所占收入比重大幅下降。这一比重目前已经降到了 19 世纪初期的水平。

　　这一惊人逆转表明全球化在 1990 年前后发生了质变。

　　资料来源：作者根据 World Bank DataBank（GDP in U.S. dollars）以及 1960 年之前的 Maddisonproject 数据计算，http://www.ggdc.net/maddison/maddison-project/home.htm；由于 2013 年版本未更新全球 GDP 数据因此使用 2009 年版本的数据，2009 年版本在后文的资料来源将标注为"Maddison 数据库"。

它催生出发达国家内部的反全球化思想，也带来全球对所谓"新兴市场"的关注。

　　和图 1 所示"惊人逆转"（shocking share shift）同时发生的还有制造业的转移。自 1970 年开始，发达国家在世界制造业中所占的份额开始缓慢下降。到 1990 年，下降的速度突然加快（见图 2）。

　　令人颇为不解的是，这个过程中只有少数几个发展中国家比重得到提升。这几个国家我们称为新兴工业化六国，简称 I6。全球所有国家中，只有这 6 个国家的比重上升超过 0.3％。为什么"逆转"过程中只有如此少的几个国家从中获益？

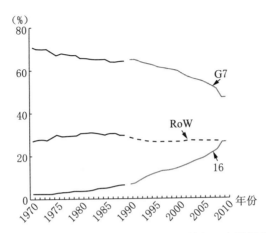

图 2　发达国家在全球制造业中所占份额转向 6 个发展中国家

　　与图 1 所示的"惊人逆转"一样,全球制造业份额的转移也十分显著。从 1990 年开始,G7 国家占全球制造业份额加速下降。目前,发达国家所占比重已不到 50％。

　　6 个发展中国家——我称它们为"新兴工业化六国",包括中国、韩国、印度、波兰、印度尼西亚和泰国,简称 I6——几乎获得了 G7 国家丢失的全部份额。除此以外全球其他国家的制造业份额(在图中用 RoW 表示)几乎没有受到影响。在这 6 个国家中,中国的变化最为突出,它占全球制造业的份额(没有在图中单独列出)从最初的 3％上升到 20％左右。

　　资料来源:UNSTAT.org。

　　全球化影响如此集中与当今全球物流成本低廉、通信技术广泛普及的现实似有冲突。为了理解这一点,我们需要以一个更为广阔的视角来理解全球化。

更广阔的视角理解全球化

　　在出海靠风、出行靠马的年代,商品只能在极短的距离内运输,运输的体量也极小,很难从中获利。人类由此与土地被捆绑在了一起,生产成为消费的"约束条件"。换句话说,生产被强制与消费捆绑在了一起。全球化可以被看作是这种捆绑的"解绑"过程。需要注意的是，造成这种捆绑的除了商品运输成本，还有另外两种由于地理距离而产生的成本，即思想交流成本和人口流动成本。这三种成本构成生产与消费解绑的三个约束，我们将以此为基础分析全球化的发展进程。

想要了解全球化的发展进程，我们需要把这三种约束明确地区分开来。从 19 世纪早期开始，三种成本都在降低，但降低的速度并不相同。更准确地说，商品运输成本的大幅降低比通信成本早了一个半世纪，而人们面对面交流的成本至今都没有得到显著的降低。

之所以关注这三种成本降低的顺序，是因为我们需要采用一种全新的认识全球化的视角——"三级约束"（three cascading constraints）视角。为了更好地解释这一视角，让我们接下来使用这一视角对世界历史进行一次快速概览。

前全球化世界和全球化的第一次加速

在前全球化世界，地理距离把人口和商品生产按照村庄大小的区格分隔开来。当商品运输成本开始降低时，这种分隔状况开始发生变化。

商品运输技术的发展促进了工业革命，而工业革命又反过来促进了运输技术的进步。当国际间商品运输变得越来越容易时，更多人开始可以购买世界各地的产品。例如，英国的中产家庭可以围着铺了用印度棉做的桌布的桌子，一边吃美国面粉做成的面包，一边喝加了牙买加糖的中国茶。牛津大学的经济学家凯文·奥罗克（Kevin O'Rourke）和哈佛大学的经济学家杰弗里·威廉姆森（Jeffrey Williamson）认为这一变化始于 1820 年。我在 2006 年的论文《全球化：大解绑》（Globalization：The Great Unbundling(s)）中将这种产品生产地和消费地的分离称为全球化的第一次解绑。

与此同时,思想交流和人口流动的成本却没怎么下降。三种成本的不均衡变化引发了一系列连锁反应,最终导致发达国家(简称"北方国家")与发展中国家(简称"南方国家")在收入上产生巨大的差异。随着商品运输成本的下降,市场变成了全球性的,而工业生产则形成地区集聚。之后的历史表明,工业发展主要集中在北方国家,工业化的推进又促进了北方国家的创新。这些创新由于思想交流成本高企,其应用又局限于北方国家。这就导致现代化的、技术进步推动的经济发展主要发生在北方国家。短短几十年中,不均衡的经济发展造成南北国家间收入的巨大差异,形成了全球持续至今天的经济格局。简而言之,"大分流"源自商品运输成本的大幅降低以及居高不下的思想交流成本。

全球化的第二次加速(第二次解绑)

在 1990 年前后,信息与通信技术的革命从根本上降低了思想交流的成本,全球化迎来了它的第二次加速过程。全球化进入了一个新的时代——第二次解绑的时代。具体而言,通信技术的突破性发展使得即使是复杂生产过程也可以在很远的距离外得到协调。由于在第一次解绑时代形成很高的南北间工人工资水平差异,因此发达国家企业发现如果把一些劳动密集型生产过程离岸至发展中国家,可以从中受益。

由北向南的生产过程离岸活动改变了全球化,但全球化的改变并不仅仅限于工作岗位的转移。为了确保境外子公司和境内母公司能在生产过程中无缝衔接,发达国家的企业需要同时把它们的营销、管理和技术知识带至发展中国家。因此,第二次解绑——或可称为"全球价值链革命"——重新划分了知识的国际边界,这一变化改变了行业竞争的内涵。如今,行业竞争的边界越来越多地由国际生产网络的边界而非国家边界来决定。

我们可以用一个比喻来帮助理解这一过程。想象一下，有两个足球俱乐部正在讨论球员转会事宜。如果交易成功，两个俱乐部都将从中受益。每个俱乐部都用一个不怎么需要的球员换取了一个相对更需要的球员。

现在则出现了一种截然不同的交换方式，相对更强球队的教练开始可以在周末训练相对较差的球队了。毫无疑问，这种新的交换方式将使整个联盟变得更有竞争力，也非常有利于弱队的成长。但是强队却不一定会从中受益——虽然他们的教练会从中获利，因为他现在可以把他的专业知识同时出售给两支球队了。

这个例子正类似于全球化进程。过去的全球化可以看作是简单的球员转会，新的全球化更像是跨球队的训练，其中发达国家跨国公司扮演着强队教练的角色。换句话说，信息与通信技术的革命促使跨国公司创造了一种全新的行业竞争模式——将 G7 国家的技术与发展中国家的廉价劳动力结合起来。这种高科技和低成本劳动力的组合从生产效率的角度看非常优越，这就引发了大规模"由北向南"的知识流动。也正是这些知识的流动带来了新旧全球化之间的天壤之别。

新全球化影响范围的高度集中与初级产品的超级周期

值得注意的是，G7 国家的企业拥有这些知识，但是"由北向南"的知识流动并不是覆盖全部发展中国家的"慈善活动"。发达国家不是因为良心发现或是爱心泛滥才将知识与技术传送给发展中国家。它们努力确保这些知识与技术保留在其生产网络之内，这解释了为什么"制造业发展的奇迹"局限于少数发展中国家。这种效果同样也可以用体育运动来作类比。新全球化就类似于那些 G7 国家的"教练"们"训练"且只"训练"了那些他们想要训练的"队伍"。然而我们不禁要问,为什么这些"训练"会高度集中于少数发展中国家呢?

在我看来,问题的答案不在于思想交流和商品运输的成本,而在于人口流动的成本。诚然,飞机飞行的费用降低了,但是由于管理者和工程师薪水的提升,跨国飞行的总成本提高了。维持国际生产网络需要充分的人员流动,但人员流动的成本居高不下,因此这些跨国公司倾向于采用一种"小范围、高密度"的选址方式。为了更进一步降低人员流动的成本,这些选址会尽可能地接近 G7 国家(特别是德国、日本和美国)的工业中心。这里印度可能是一个例外,主要是因为印度参与国际生产网络的方式不太需要进行面对面的交流。

虽然第二次解绑对生产的影响集中于少数几个国家,但其对全球收入的影响则更加广泛。全球约有半数的人口生活在快速工业化的发展中国家,由于他们收入的增长,全球对原材料的需求也呈现了爆炸式的增长。对原材料的爆炸式需求增长引发了所谓"初级产品超级周期",许多原本并没有受到"全球价值链革命"影响的发展中国家初级产品的出口得到增加,经济发展亦开始起飞。

全球化的下一个阶段:第三次解绑

根据"三级约束"的视角(参见图 3),如果人员流动的成本能像 20 世纪 90 年代开始的通信成本那样迅速下降的话,那么未来可能会

a

图 3 全球化"三级约束"视角的总结

在马车和帆船还属于前沿技术的时代,商品、信息和人口基本不存在流动。对绝大多数人来说,经济生活的范围基本停留在村庄层面(图 a)。

蒸汽船和铁路的出现极大地降低了长途交易的成本,生产和消费得以分离开来,这就是我们所说的全球化第一次解绑(图 b)。然而,由于通信和面对面交流的限制依然存在,商品运输成本的降低并没有从此使世界变得平坦。事实上,尽管生产与消费实现了解绑,商品生产反而更集聚到工厂和工业区——这种集聚不是为了降低商品交易成本,而是为了降低通信与面对面交流的成本。

这种制造业的微观聚集推动了工业国家的创新,由于通信成本高企,创新成果难以远距离传播。这就导致北方国家工人平均知识水平的增长速度远远快于南方,并由此导致了"大分流",即南北国家间收入差异的扩大。

随着信息与通信技术的进步,位于不同国家的人也能够被协调起来共同从事复杂的生产任务,这就是全球化的第二次解绑(图 c)。当这种技术成为现实,发展中国家低廉的工资吸引 G7 国家的跨国企业把一些劳动密集的生产程序离岸转移至发展中国家。为了使跨国公司的国内与国外生产活动能够完美对接,输出工作的同时,跨国公司也带去一部分生产技术。这样,原本只限于 G7 国家内部的知识扩散到了世界的其他角落。知识流动成为全球化进程中的一个重要角色(如图 c 中的灯泡所示)。

知识与技术的流动使少数发展中国家得以以惊人的速度实现工业化。工业生产从北向南大规模转移,南方国家的工业化进程——包括它开启的初级产品"超级周期"——带来新兴市场收入的迅速增长。这就是图 1 所示的"惊人逆转"。

简而言之,通信技术革命就是这样改变了全球化并影响了全球经济——1990 年以前,全球化还主要是商品贸易的全球化,而现在则主要是信息交流的全球化。

发生第三次解绑。现在看来，有两类新技术的发展可能会带来人员流动成本的大幅下降。第一类技术是能够让人们不需要出国就能为全球提供"脑力服务"的技术，我们常称其为"远端呈现"技术，这种技术现在也不是完全只存在于科学幻想中。然而这种技术虽然存在，但却价格高昂。第二类技术是能够让人们不需要长时间长距离跋涉就能提供"手工服务"的技术，这种技术可被称作"遥控机器人"技术。人们可以在世界的一端操纵机器人让它在世界的另一端执行任务。"遥控机器人"已经成为现实，然而这种技术也非常昂贵，而且现在的机器人也还不够灵活。

总而言之，新的科技可能会在未来几十年内更深刻地改变全球化的性质。这两类技术都使人们可以不用旅行就能跨越空间提供服务或完成任务。这样的"虚拟移民"或跨国"远程交流"会使更多的工种面临全球竞争。发达国家的初级（专业）任务可以让发展中国家的工人（专业人士）来完成，而发达国家的技术专家也能在更大范围内施展自己的才华。比如，身处东京的工程师可以通过控制复杂机器人来修理位于南非的由日本制造的设备。许多人将从这种全新的竞争或机会中获益，也将有许多人被迫更换工作。

因此，全球化的第三次解绑很有可能意味着身处某个国家的工人"在"另外一个国家提供服务，包括那些今天需要亲身所在才能完成的服务。或者说，全球化的第三次解绑将可能使劳动服务和劳动者人身所在解绑。

新的全球化新在哪里？

全球化的性质发生了巨大的变化，这意味着其对各个国家的影响也会变化。这些新的影响主要包括以下六个方面。

新全球化的影响"分辨率"更高

20世纪的全球化使得各个国家专业化于某些特定行业，其对人们收入的影响也以行业为单位。21世纪的全球化则有所不同，它不仅仅影响到了行业，也影响到行业内的特定生产任务或职业工种。全球化的影响变得更加难以预测。

在旧全球化背景下，国家可以辨别夕阳产业和朝阳产业。在新全球化背景下，"夕阳"与"朝阳"定义在生产任务与职业工种层面。在这种情况下，预测哪些生产任务和职业工种将受到全球化的冲击会变得更加困难。

过去，由于贸易自由化产生的赢家和输家分别集中于不同的行业，或者不同的技能水平。现在，新全球化的影响发生在个体的层面。在同一个行业工作，拥有同样的技能，不同的个体受全球化的影响可能截然不同。哥伦比亚大学的经济学家贾格迪什·巴格瓦蒂（Jagdish Bhagwati）将这种现象称为"万花筒般的全球化"（Kaleidoscopic globalization）。不管你在哪个行业从事什么样的工作，你都不能保证自己在新一波的全球化浪潮中受益还是受损。

新全球化的这种特性，即其影响的更高"分辨率"具有重要的政策含义。许多国家往往通过特定政策以保护受损的行业或技能群体。由于新全球化影响的更高"分辨率"，过去的这些政策在今天完全无法区分新全球化下的赢家与输家，其效果也必然大打折扣。

新全球化的影响更加突然、更难控制

旧全球化的进程以年为计量单位，关税削减和运输方式改进都需要一年或数年的时间。新全球化则来得更加迅猛，因为新全球化的驱动力——传输、存储和计算能力——每一到两年就得以翻番。过去的几十年间，由于信息与通信技术的指数发展，我们看到不止一次几个月前还难以想象的事物突然就变得习以为常。

信息与通信技术本身的特点也意味着各国政府更难以控制新全球化的进程。控制思想交流比控制货物流动要难得多,这是物理原理决定的。各国政府采取的政策亦进一步强化了物理原理,知识产生于 G7 国家,这些国家的选民们又积极拥护自由开放。在今天,想要阻碍与限制"知识套利"——而这正是新全球化的驱动力——几无可能。

新全球化下,比较优势不再以国界为界

新全球化背景下,G7 国家纷纷将自身的高科技与发展中国家的低成本劳动力结合起来。由于企业开始混合和匹配不同国家的竞争优势,国家便不再是一个分析比较优势的合适单位。竞争优势的分析单位现在由运营国际生产网络的企业决定。

换句话说,全球化的第一次解绑主要是让各国更好地利用自身的比较优势。全球化的第二次解绑则是让企业通过重新组合各国的比较优势来构建其竞争力。

新全球化解开发达国家知识与劳动力的"绑定"

在知识还不能跨国传播的时代,各国工资的差距主要取决于各国技术水平的差异。譬如,德国的工资随着德国的技术进步而上升。全球化的第二次"解绑"打破了这种以国家为单位的工资和技术共同演进过程。德国工人不再是德国技术的唯一受益者,德国的企业现在可以把德国的技术与(比如说)波兰的劳动力结合起来,其他的 G7 国家也类似。

新全球化改变了地理距离扮演的角色

当前的概念模型中,全球化还主要被描述为产品的跨境流动。顺理成章地,如果两个市场之间的空间距离翻倍的话,两个市场间的交易成本也应该翻倍。以这样的概念模型来理解今天的全球化是对 21 世纪全球化的严重误读。

误读的原因非常简单。两个市场间的地理距离对商品运输成本、思想交流成本和人口流动成本的影响大不相同。有了互联网，不管相距几何，思想交流的成本几乎为零。但是对人口流动而言，一天内就能到达的地方相比于那些更为遥远的地方，意义大不相同。

这也许也有助于解释这样一个现象，那就是即使有很多发展中国家都采取了开放政策，却只有少数能够实现工业化。原因很简单，那些没能实现工业化的国家距离底特律、斯图加特和名古屋等经济中心太远了。

新全球化使各国政府重新审视自己的政策

过去的很多经济政策是建立在竞争力是一种国家属性这一概念之上的。在发达国家，不管是教育、培训政策（使工人为未来的工作做好准备），还是减免研发税收政策（促进开发新产品和新技术），都旨在加强本国的竞争力。在发展中国家，不管是关税政策（保护本国制造业），还是发展战略政策（实现价值链提升），也都建立在竞争力具有国家属性这一概念之上。

新全球化下，所有这些政策的前提都需要被重新审视与思考。比如，竞争优势与国界脱节，这改变了发展中国家可能的选择。发展中国家不再需要在本国建立整条供应链（这是 19 世纪和 20 世纪的通行做法），而可以服从、服务于制造业的国际分工，并由此提升自己的竞争力。

相应地，新全球化也改变了发达国家提升竞争力的政策选项。全球竞争的企业需要综合世界各国的竞争优势，把生产任务放在成本最优的国家进行生产。与积极拥抱混合—搭配生产方式的竞争者相比，不愿意进行这种生产方式的企业和国家必然在竞争中落于下风。

简而言之，全球化的性质发生了改变。这一变化既颠覆了发展中国家老旧的发展政策,又颠覆了发达国家简单民族主义式的产业政策。

读者路线图

本书主要分为五个部分。第一部分包括第 1、2、3 章,将以"捆绑"和"解绑"为理论指导简要回顾全球化的历史。

第二部分包括两章,将对全球化展开进一步的描述。其中第 4 章更详细地介绍"三级约束"的视角,第 5 章展开介绍新全球化的全新之处。

第三部分也包括两章,帮助读者理解全球化的变化。其中第 6 章介绍新全球化背景下经济发展的"新兵营"。第 7 章以此为基础,解释为什么全球化的影响在第一次解绑和第二次解绑时代如此不同。

第四部分主要阐述新全球化对政策制定的影响。其中第 8 章分析新全球化对 G7 国家政策的影响,而第 9 章则分析其对发展中国家政策的影响。

第五部分为"对未来的展望"。我们将提出一些猜测,试着分析未来如何影响全球化,全球化又如何影响未来。

第一部分

长话短说的全球化历史

本书的第一部分着眼于过去 20 万年的历史进程。为什么要追溯如此之远？下面这段 1957 年的引文恰如其分地说明了这么做的原因：

> 当前的时代对我们影响太多。我们习惯于把当前的状况归纳成"一般真理"。如果我们仅基于当前的状况，仅分析当前发挥作用的因素，我们就不可能对"全球化"有一个清楚的认识。

这段引文出自我的父亲罗伯特·鲍德温（Robert Baldwin）和杰拉德·迈尔（Gerald Meier）合著的《经济发展》（*Economic Development*）一书。不过，他们在这段文字中使用的是"经济发展"一词，而不是"全球化"。当然，两者本质是一样的。[1]

正像引文所述，我们对全球化的讨论受到太多当前时代的影响。在过去的 170 年里，全球化对世界经济的影响比较稳定，这就使很多观察者认为全球化是一成不变的。比如，美国前总统克林顿就把全球化称为"经济世界里的自然力量，就跟风和水一样"。当然，这种说法是错误的。

如绪论里介绍的那样，实际上，全球化在过去的几十年里发生了巨大的变化。在本书的第一部分，我们将追溯过去，说明全球化最近的变化与历史所呈并不一致。

内容组织主线

为了在短短几十页的篇幅内描述十几万年的变化，我们必须跳过一些不那么重要的细节。因此,我们最好从一开始就明确"重要"指的是什么。就本书而言,我们将以经典定义的"贸易"作为内容组织主线。

当生产和消费在地理上分离时,贸易便随之诞生。理解生产和消费关系的变化过程十分重要。我们以此为主线,再加上绪论中介绍的"三级约束"的观点,全球化的四个时期便浮出水面。

如果您认为自己不会被全球化的当前状况所误导,并且想跳过前三章对全球化历史的介绍,以下是一个更短的概括,可资参考。

全球化的四个阶段

人类历史中,绝大多数时候的全球化与当前的全球化含义完全不同。

全球化第一阶段:人类向全球扩散(公元前 20 万年到公元前 1 万年)

在过去 20 万年中的前 19 万年里,"生产"这个词意味着在特定的季节、特定的地理位置产出特定的食物。史前时代的运输能力使得人口迁徙比食品运输容易得多,因此在这个时期,生产和消费在空间上捆绑在一起,很少发生商品交换行为。这一阶段,全球化意味着人类探索与发现更加遥远的适合生产的土地。

全球化第二阶段:全球经济的区域化(公元前 1 万年到公元 1820 年)

在第二个阶段,生产和消费仍然捆绑在一起。与第一阶段不同,现在由于农业生产的革命,粮食的生产可以由人类决定。换句话说,生产和消费仅发生在少数特定区域,世界经济"集中"在各个区域。在这个阶段,贸易仍然有限,且十分困难。

我们在这个阶段看到一些古老文明的崛起,比如现在的伊拉克、伊朗、土耳其、埃及、中国、印度和希腊。尽管商品的交换在这些区域开始出现，但是现代意义上的全球化还没有开始。国家范围内的价格由该国自己的供需状况决定，与世界范围的供需状况没有什么关系。

全球化第三阶段：区域经济的全球化（公元 1820 年到公元 1990 年）

蒸汽革命的出现使人类能够集中和控制以前难以想象的能量。在跳了一场复杂多变的百年华尔兹后，蒸汽革命和工业革命彻底改变了人类与环境（特别是地理距离）之间的关系。

随着运输方式从根本上得到改善，人们发现，有时候购买一些外国制造的商品比直接从本国购买更为经济。因此，制造业的分布发生了转移，开展国际贸易的呼声越来越高，各国开始"生产自己所擅而购买自己所不擅"的产品。

虽然在本阶段制造业遍布全球，但其实际生产则集聚在少数发达国家。北方国家的生产力迅速提升，因此引发工业化、集聚和创新力的螺旋上升，南北之间产生巨大的科技落差。这一科技落差进而导致南北国家间的巨大收入差距，这就是我们通常所说的"大分流"。

全球化第四阶段：生产过程的全球化（公元 1990 年至今）

如果说蒸汽革命和工业革命导致了全球化的第一次解绑，那么信息与通信技术革命就是第二次解绑的关键。在第一次解绑时代限制知识流动、引发知识分布差异的约束因素，在本阶段由于信息与通信技术的进步被放松。这引发了一场历史性转变，也就是本书所称的"大合流"。

本部分接下来的篇幅将阐述全球化四个阶段的更多细节。第 1 章包括了前两个阶段，第 2 章和第 3 章则分别介绍第三和第四个阶段。

注释

1. Gerald M. Meier and Robert E. Baldwin, *Economic Development：Theory，History，Policy*（New York：John Wiley and Sons，1957）.

1 人类向全球的扩散和第一次捆绑

大约在 20 万年前,非洲出现了现代人类。随着人口数量的增长,人类为了搜寻更多的食物不断扩大地理活动范围。在人口数量减少的时候,人类的地理活动范围也会相应缩小。受这种"消费向生产靠拢"生存模式的约束,在 7.5 万年左右的时间内人类的活动范围局限于非洲大陆。

在本章中,我们将首先介绍第一阶段人类向全球扩散的过程。之后,我们解释农耕与地域"固化"如何从根本上改变了全球化的性质。

第一阶段:人类向全球的扩散

现代人类源自非洲,之后扩散到全球各地。尽管具体的时间没有定论,但是可以确定的是,人类向全球散布的过程并非线性。在这段时期内,全球气候变化剧烈(如图 1.1 所示)。气候、食物和人口这三个要素又紧密联系,因此人类向全球扩散的进程受到了气候变化的严重影响。

考古证据表明,大约在 12.5 万年前,也就是距今最近的一个气候变暖时代,有一批人类离开了非洲。他们途经埃及,进入新月沃土(Fertile Crescent)。不幸的是,现代的基因证据告诉我们,这批人并没能够存活下来。

以文森特·麦考利(Vincent Macaulay)为首的一批科学家采集了人类细胞中线粒体的 DNA 证据,他们发现,所有非非洲裔的人类,

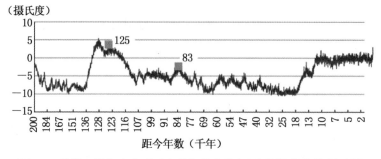

图 1.1 从第一批智人出现以来的气候变化（以当前温度为基准温度）

20 万年前的气候条件跟现代相差不多，从那时起人类开始了进化。之后地球气温持续下降，持续了近 7 万年。从大约 12.8 万年前开始，气温呈锯齿状上升。这之后的又一个 10 万年，气温一路颠簸下降，直到公元前 2 万年——这时全球第一次变暖，于公元前 1 万年左右达到稳定。

全球化的第一阶段（人类向全球的扩散）以公元前 8.3 万年现代人类离开非洲肇始，那以后全球气温达到高峰并维持千年。第二阶段由 1.2 万年前气候变暖引发。随着气候变暖并达到稳定，人类开始掌握种植粮食的技能。本地生产出来的粮食足够支撑本地人口的增长。这一过程被称作农业革命，它使文明的出现成为可能。

现代的"全球变暖"，只是上图最右端一个上扬的小勾而已。

资料来源：J.Jouzel et al., "Orbital and Millennial Antarctic Climate Variability over the Past 800 000 Years", *Science 317*, no.5839(2007)：793—797；based on Arctic Dome C ice cores。

都与另一批出走非洲的人类有关。这次"出走非洲"大约发生在 5.5 万年至 8.5 万年前之间，这是一个全球气温的高峰时期。从那以后，人类开始在全球快速扩散，虽然这时的扩散速度要以史前时代的尺度度量才能算迅速。[1]

DNA 与考古证据表明，大约 4 万年前，人类开始依次出现在非洲、亚洲和澳大利亚（如图 1.2 所示）。人类在北欧定居的时间较晚，大约是 3.5 万年前。到了 1.5 万年前左右，人类到达美洲；到了 1.2 万年前，人类出现在了巴塔哥尼亚。这一阶段——人类自非洲向全球的扩散——持续了约 18.5 万年。

虽然这些时间的估计并不精确，但是它们指明了一个事实：东亚、南亚和西亚特别适合人类生存。这些地区通过陆路和海洋很方

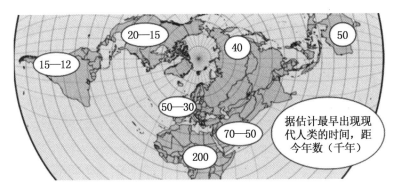

图 1.2　人类向全球的扩散

　　在长达数万年的时间内,人类分散在中东、亚洲和澳大利亚。又过了几万年,也就是大约 3 万年后,远不适宜人类生活的欧洲才出现人类。又过了很久,现代人类通过一个连接亚洲和南美的冰桥登陆美洲。直到大约公元前 1 万年,人类才完全占领全球。

　　资料来源:各个大陆最早出现人类的时间基于当代 DNA 数据估计(mitomap.org)。

便地连接在了一起。这一事实直到最近的几个世纪才有所改变。

　　考古证据显示,即使在这一时段也已经有了长途贸易。黑曜石(一种黑色的火山熔岩冷却形成的天然玻璃)就是一个例子。在史前时代,生活在新月沃土附近以狩猎和觅食为生的部落会交易这种出产于土耳其东南部的石头。那时候,由于可以用于商品运输的动物还没有被驯化,所以远程贸易只能通过人力背运。这显然会极大地限制当时的贸易量。

专栏 1.1　全球化第一阶段概要

　　在人类出现后的第一个 20 万年间,大部分时候的生产基本上只意味着找到勉强够的食物以维持生存。由于食物的生产基本上只能靠运气,因此想要存活下来,人类必须找到能够提供充足食物的地方,并且在这里的食物耗竭之前,找到另外一个能够提供食物的地方。

换言之,生产与消费在空间上是被捆绑在一起的,所以,那时候几乎没有贸易。另一方面,在这个时期,人类去靠近食物产地要比在别的地方生产好食物并把食物运送到人类的定居地要容易得多。生产和消费的捆绑严重并持续地阻碍着文明的发展。

关键结果

这一时期的全球化基本上等同于人类向全球的扩散。这一过程一直持续至大约 1.5 万年前。在这个过程中,不断增长的人口数量驱使着人类在地球上扩散至任何一个可以居住的角落。随后,农业革命结束了第一阶段,全球化进入第二阶段。

第二阶段:农业和第一次捆绑

全球气候在 2 万年前开始变暖,并在大约 1.2 万年前趋于稳定(如图 1.1 所示),发生这种情况的科学原因至今尚不明确。史前的人口密度受到食物产量的制约,而食物产量又受气候条件的制约,于是气候向"好"的方向转变也带来人类社会的改变。这一变化改写了全球化的含义。

有些地方的气候适宜常年种植作物,并有可靠的水资源供应,于是这些地方的人口密度上升。大量的人和食物聚集在一起,人类开始不再需要通过迁徙来维持生存。这个时候,人类不再需要去靠近食物的生产地,反之,食物的生产在靠近人类的聚居地。这就是农业革命(也称新石器革命)。贾雷德·戴蒙德(Jared Diamond)在他所撰写的《枪炮、病菌与钢铁》(Guns, Germs, and Steel)一书中推测了这场革命发生的原因。[2]

由于气候条件影响人口密度,因此在早期的欧亚大陆,合适的生产与消费集聚地主要分布在一段很窄的纬度范围内。这个范围大约是从北纬20度到北纬35度(如图1.3所示)。此外,河谷是最适宜的定居地。每年的河水泛滥带来了径流,解决了土地肥力耗竭的问题。由于土地肥力的耗竭,耕种了一段时间的土地就不能继续给农作物提供营养,这时候农民们就必须换一块土地去耕种。因此,土地肥力耗竭的问题实际上是迫使人类迁徙以维持生存,阻碍集聚和文明产生的重要因素。

第二阶段长达约1.2万年。在这个阶段,城市、文明、工业与全球范围的旅行开始兴起。

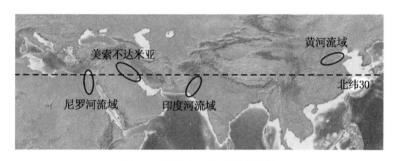

图1.3   早期生产与消费集聚地

由于河流的季节性泛滥帮助土地保持肥沃,早期文明因此大多出现在适宜农耕的纬度范围,并处于河流流域范围。中美洲文明也差不多发生在同一纬度范围内的河谷地区,只不过这个文明的兴起较晚,差不多比中东地区的文明晚了近几千年。

资料来源:背景地图来自 Wikicommons。

细分第二阶段:三个子阶段

几千年的历史很难用一个条理清晰的结构介绍清楚。所谓历史不过是串成一串的一个又一个历史事件而已。这里,古罗马的"三分法则"(omne trium perfectum)也许有点帮助。根据这个法则,一个复杂的事物可以一分为"三"。这样做有三个好处:易于解释、易于理解，也便于记忆。遵循这个法则，我们把第二阶段划分成三个子阶段：亚洲崛起，欧亚一体化，欧洲崛起。这三个子阶段间分别由"丝绸之路"和"黑死病"两个事件作为分界。

对第二阶段做这样的划分，我其实是受到历史学家伊恩·莫里斯（Ian Morris）的启发。在他撰写的《西方将主宰多久》（*Why the West Rules—For Now*）[3]一书中，他把中东地区（和埃及）看成亚洲的一部分，而非西方的一部分。采用这种观点，那么亚洲就可以被看作是全球最早崛起的地区，而欧洲直到第二阶段快结束时才最终赶上亚洲。

子阶段 1：亚洲的崛起，公元前 1 万年到公元前 200 年

农业革命后，食物的生产与消费依旧被捆绑在一起。但这个时候与第一阶段有一点本质的不同：现在生产和消费可以在固定的区域进行。这种经济的"区域化"有三个重大的含义：

农业、粮食剩余与文明的兴起

举例而言，如果只要九个人就可以生产出足够养活十个人的食物，那么第十个人就可以专注于"文明服务"（比如建造纪念碑、创立宗教、写作、收税，等等）和军事服务（保护剩余的财富或者盗取别人的财富）。这两种服务更可能发生在城市里。实际上，城市与文明的联系古老又必然。英文中"文明"（civilization）一词的来源就是拉丁文中的"城市"（civitas）。

由于城市里创新、集聚和人口增长具有雪球效应，城市的规模逐渐扩大并越来越成熟。由于很多人在空间上聚集在一起，更多的人能从同一项发明中受益，创新的效益扩大。同时，由于有更多的人分享他们的思想，创新就更容易发生。因此，人群的密度会降低创新成本。反过来，由于这个时期的创新多数与粮食生产有关（譬如灌溉、

人工种植谷物、栽培果树和驯养家畜等），创新又使人口密度上升。在长达几个世纪的过程中，城市慢慢孕育了文明。

新月沃土和美索不达米亚最先出现了城市和文明，接着，尼罗河流域、印度河流域、黄河流域和中美洲也陆续发展出城市和文明。

农业与人口数量的快速增长

由于食物充足，产量稳定，在公元前 1 万年到公元前 8000 年间，人口数量实现了跃升（如图 1.4 所示）。到了大约公元前 3500 年，青铜时代开始，人口数量再次飞跃。

青铜是一种很好用的合金，但是青铜中的重要合金元素锡在早期文明出现的那些流域非常稀缺。锡的稀缺对人类的发展造成限制，但这种限制随后被炼铁技术的发展打破。铁是地球上最富产的金属元素之一，因此也被称为"大众金属"。铜由于价格高昂，大多被用来制作武器，或者上层集团的装饰品。相比而言，铁资源丰富、价格低廉，农业工具和生活工具都可以用它来制造。铁制工具的使用提高了农业的劳动生产率，也被用于开垦原本不太适合耕种的荒地。这些都促进了人口的增长。

铁器时代之后，历史进程亦开始波动。历史学家埃里克·H.克

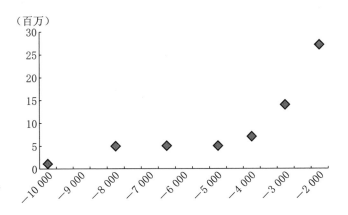

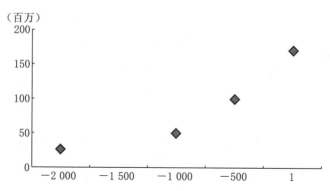

图 1.4　古代人口数量估计，公元前 1 万年至公元元年

在古代，人口数量经历了三个增长阶段。人类掌握农耕技术是第一个阶段（公元前 1 万年到公元前 8500 年），人类学会冶炼青铜是第二个阶段（公元前 5000 年到公元前 2000 年），人类学会冶炼铁是第三个阶段（从大约公元前 1000 年起）。

青铜器帮助人类改造自然环境，但是它的炼造需要稀缺资源——锡。铁相对常见，但要把它打造成工具和武器需要先进的冶炼技术。这些冶炼技术最早可能来源于今天的土耳其。

注意上下两图纵坐标比例并不相同。

资料来源：美国人口普查估计，公开数据（www.census.gov）。

莱因（Eric H.Cline）在他所著的《文明的崩溃：公元前 1177 年的地中海世界》（*1177 BC：The Year Civilization Collapsed*）一书中描述了几座地中海东部城市的情况。几十年间，这些城市被暴力破坏，整个地区进入长达几个世纪的黑暗时代。譬如，希腊的文字消失了上百年。当公元前 18 世纪文字重回雅典的时候，人们使用的已经是来源于中东的新字母表了。新的文字与青铜时代的希腊文字大相径庭。即使到了今天，米诺斯文明和迈锡尼文明的文字都无法被破译。类似地，早期印度河流域的文明在公元前 2000 年到公元前 1000 年间也衰败了，虽然两地衰败的原因可能并无联系。这之后，印度次大陆进入了一段长达十个世纪没有文字的时期。

然而，这些文明的衰败并没有减慢人口的增长（如图 1.4 所示）。事实表明，不管有没有高度发展的文明，只要能利用金属铁，人类就可以获得充足的食物支撑人口的增长。

到了公元前 500 年,文明从亚洲腹地开始向西传播到希腊、意大利和北非等地(如图 1.5 所示)。印度次大陆重新出现了一种新的独立的文明,这一文明的经济活动中心转移到了恒河平原。中华文明向南传播到长江流域,向西传播到横断山地区,向北则传播到朝鲜半岛。

图 1.5 生产与消费集聚区域,约公元前 500 年

第二阶段的全球经济主要由中东、埃及、印度/巴基斯坦和中国等生产和消费捆绑的聚集区域主导。尽管政权变化频繁,但经济结构最晚从公元前 2000 年开始就保持了稳定。到公元前 500 年,政权的扩张直接把三个文明中心(埃及、中东和印度/巴基斯坦)连接了起来。

拉丁美洲也出现了文明,不过在 15 世纪前这一文明一直孤立于其他文明。

资料来源:Ian Morris, *Why the West Rules—for Now* (London: Farrar, Straus and Giroux, 2010); Ronald Findlay and Kevin O'Rourke, *Power and Plenty* (Princeton, NJ: Prince ton University Press, 2007)。

尽管亚洲的政治版图经历了无数次的曲折和变动,它的经济版图却相对稳定。在之后的 1 000 年中,亚洲的四个文明中心一直是全球经济中心,从未间断。生产与消费在区域上的捆绑催生了贸易,这是此种"捆绑"的第三个重大意义。

生产与消费捆绑地区之间的贸易

今天我们所理解的贸易大概是在一地生产产品,然后在另一地销售这种模式。对贸易的这种理解就起源于这一时期。一些技术创新引发了国际贸易,这些创新包括骆驼的驯化(大约公元前 1000

年)、航海技术的改进和海上导航技术的发展。我们可以从考古发现和文学史料中找到一些那个时代货物贸易的信息。譬如，一艘公元前 14 世纪的沉船在土耳其西海岸外被发现。它装载着铜锭和锡锭（这些是制造青铜的原料）、玻璃珠、黑檀木、象牙、龟甲、鸵鸟蛋、装着果干的瓷瓶、武器、工具以及一些来自埃及的珠宝等。从这些贸易品中可以看出，那个时期贸易的物品主要是一些本地无法获得的物品，比如重要的原材料和奢侈品等。

美索不达米亚地区从地理位置上看是贸易的中心。从海路走，这里接近印度河流域，从陆路走，它又接近尼罗河流域。中国被广袤的山川、沙漠、海洋和丛林阻隔，没能参与到石器时代的这场贸易中。早期的美洲集聚区也由于地理条件和其他地区隔绝开来，这一状况持续了 2.5 万年。

不过图 1.5 隐藏了一个重要事实，那就是亚洲其实在整个第三阶段都主导着世界经济。尽管我们缺乏石器时代各区域的人口或收入水平数据，但我们却有关于城市数量和规模（图 1.6）的考古学数据。

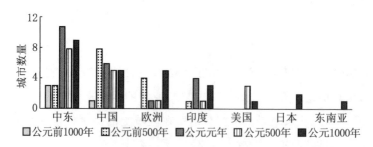

图 1.6　亚洲的主导地位：超过 10 万居民的城市数量

城市人口相对于总人口或总产出而言更容易被估计。亚洲和中东的大城市在全球城市人口中占绝对主导的地位。这体现出这些地区在第三阶段上升的趋势。注意，这张图中的中东地区包含了埃及。

资料来源：George Modelski，*World Cities*：－3000 *to* 2000（Washington, DC：FAROS, 2003）。

无论哪个文明的大城市都会留下一些书面记录。一些信息因此就会保留至今,从而提供了一些可发掘的实物证据。譬如,政治学者乔治·莫德尔斯基(George Modelski)利用估计出的城市面积,乘以不同的人口密度系数,从而估计城市人口的数量。这些估计结果如图1.6所示。这些结果展示了亚洲在世界经济中的主导地位。中国和中东地区是古老城市中最突出的两个地区。直到公元前500年,印度和中国的大城市数量仍然是欧洲的两倍。

子阶段 2:欧亚一体化,公元前 200 年到公元 1350 年

尽管亚洲西端的三个核心文明很早就有了频繁的接触,中国却一直未能与它们有效交流。这种状况一直持续到丝绸之路开通之前(约公元前200年)。丝绸之路的陆地路线途径青藏高原的北端,连接汉朝和罗马帝国。海上路线从中国经过东南亚,到印度、中东,再到南欧,形成了对陆地路线的补充(如图1.7所示)。

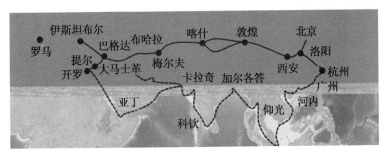

**图1.7 贸易连接了四个生产消费集聚地:
公元元年时的陆地与海上丝绸之路**

丝绸之路是将亚洲东端和西端的文明集聚地联系起来的第一个通道,它为贸易提供了陆地和海上两条途径。丝绸之路始于大约公元前200年,大约在公元1300年达到鼎盛,最后在公元1453年随着君士坦丁堡的衰落而中断。

资料来源:背景地图来自Wikicommons,路线由作者依据各种信息来源绘制。注意:图中城市的名字尽可能选用其现代的名称。

欧亚文明的一体化是全球化长征进程中的一个重要阶段。在接下来的 17 个世纪中，丝绸之路将几个生产与消费聚集区联系在了一起。不过随着西罗马帝国在大约公元 450 年的崩塌，西方文明的边界又回缩到土耳其和埃及地区。

在这一时段，全球经济的地理分布非常稳定。不过这些生产消费集聚地的政治结构却如万花筒般不断变换，各类王国、王朝和帝国轮番出现。两个政治结构变化特别值得注意，它们就是伊斯兰教的黄金时期和蒙古帝国的崛起。

蒙古帝国是历史上领土最大的帝国，直到现在也无人能及。从公元 1200 年左右起，在长达约 160 年的时间里，这个帝国控制了整个陆上丝绸之路。这段时期被称作"蒙古治世"时期。7 世纪到 13 世纪伊斯兰教的传播使海上丝绸之路覆盖的区域连成一体。从东南亚到西班牙南部各个地区之间的交易成本得到降低，贸易得以发展。

很多证据表明，丝绸之路贸易对一些城市和很多国家的上层社会产生了重要影响。然而，受限于当时原始的运输技术，贸易根本不可能对普罗大众的消费产生大的影响。

粗略的计算可以帮助我们大概了解丝绸之路贸易的情况。假设在公元 1000 年，驼队每天从中国运送货物以供应中东和欧洲的 4 500 万消费者。我们可以据此计算出需要的驼队长度。一匹骆驼大约可以运 400 千克的货物，其长度大约是 3 米。那么大概 1 公里长的驼队每天运输一次，才能满足一个西方人每年 1 公斤货物的需求。如果一个西方人每星期需要 1 公斤的货物，那么驼队需要有 52 公里长。又考虑到骆驼每天大约走 25 公里，那么丝绸之路必须得是一个双车道的大路，而不能是现实中尘土飞扬的崎岖小路。

尽管当时还可以通过海路运输，但这样的计算仍然能反映一个事实，那就是丝绸之路贸易不可能广泛地影响普通大众的生活。

即便北方的蒙古帝国和南方的伊斯兰国家使丝绸之路沿线充分一体化，要达到足以影响普通大众的贸易量，也是不可想象的。举例而言，在公元220年前后，罗马皇帝埃拉加巴卢斯（Roman Emperor Elagabalus）曾穿过纯丝绸织就的衣服，不过那时候罗马的丝绸价格要比在中国贵100倍。威廉·伯恩斯坦（William Bernstein）在他的书《贸易大历史》(A Splendid Exchange)[4]中曾研究丝绸之路贸易，他发现罗马的丝绸和黄金价格相当。

这个时代大规模航运的一个例子是罗马的"小麦舰队"。舰队从萨丁岛、西西里岛和埃及运送谷物至罗马。《圣经》中对此有生动的描写，《使徒行传》二十七章记载了公元67年使徒保罗乘坐小麦舰队从埃及航行到罗马的故事。保罗的小船遭遇了一场持续几天的风暴，最终船只沉没，货物全部损失，只有保罗活了下来。由此可见海上贸易的风险和难度。

这个时期的贸易也许对历史学家比较重要，但在这个时代，大部分老百姓的生活几乎没有因此而有什么改善，普罗大众挣扎在温饱的边缘。由于贸易如此困难，普通人只能消费本地出产的物品。货船运输货物大部分用来满足上层社会的需求，或是那些本地不能生产的原材料。虽然我们得不到具体的东西方贸易统计数据，但有些别的证据可以证明这一点。譬如，一支公元9世纪前后的阿拉伯船队沉没在印度尼西亚海岸附近。考古学家在里面找到了中国陶瓷、铁铸容器、铜碗、磨刀石、酸橙、镀金银器、镀银盒子、大银瓶、中国铜镜和香料等。

即便到了18世纪，进口仍然十分困难、迟缓且罕见。安格斯·麦迪森（Angus Maddison）在他的著作《世界经济千年史：公元元年至2030年》(Contours of the World Economy, 1—2030 AD)中介绍了荷兰的东印度公司。这个公司包揽了从欧洲到亚洲的大约一半的贸易。从 1500 年到 1800 年，这家公司拥有规模约 100 艘船只的常备船队，每艘船只有 10 年寿命，而且仅可以往返航行四次，每次航行至多向欧洲运送 1 000 吨的货物。整个 17 世纪，只有 3 000 艘欧洲船只去往亚洲。即使到了 18 世纪，这个数字也只比 17 世纪提高了不到两倍。[5]

子阶段 3：欧洲的崛起，从公元 1350 年到 1820 年

"蒙古治世"时期的贸易非常繁荣，但令人始料未及的是，它也带来了"黑死病"在全球的传播。这个疾病尽管在历史上已经带来多次浩劫，但它在公元 1350 年以来的传播产生的影响则相较而言要大得多。这一次，黑死病沿着丝绸之路从东方传到西方，最终在公元 1347 年到达欧洲。

仅用了三年的时间，大约四分之一到一半的欧洲人口就死于黑死病。诺曼·康托（Norman Cantor）在他的书《瘟疫之后》（*In the Wake of the Plague*）中也写到黑死病对伊斯兰世界的影响，这里受到的冲击跟欧洲差不多一样严重。相较而言，黑死病在中国和印度则没有造成特别显著的影响。[6]

黑死病：古代世界的关机重启

黑死病是一次分水岭，它造就了数个历史剧变。巨大的人口损失改变了欧洲社会，促进了欧洲的进步，但是它在伊斯兰世界带来的影响则完全相反。

对这一点经济史学家们有多种不同的解释。罗纳德·芬德利（Ronald Findlay）和凯文·奥罗克（Kevin O'Rourke）所著的《强权与富足》（*Power and Plenty*）一书探讨了黑死病的冲击是如何促进西方的发展而同时阻碍中东地区的发展。一个解释是，在黑死病之前，西欧停滞在乡村主导的社会均衡，而伊斯兰世界则以城市为核心。

黑死病对城市的冲击相对更大。欧洲落后的均衡状态被破坏,而后开始向好的方向转变,反之伊斯兰世界却走向衰落。[7]经济史学家斯蒂芬·布劳德伯利(Stephen Broadberry)在 2013 年发表的论文《论大分流》(*Accounting for the Great Divergence*)中将这两种不同的结果归因于两地不同的农作物、女性的初婚年龄、劳动力市场灵活性和国家制度等因素。[8]

　　我们先不考虑背后的机制是什么,黑死病显著地影响了英国国民收入,这一点可以从图 1.8 中看出来。在 1350 年前后,英国国内生产总值(GDP)跳跃式上升,并有加速增长的倾向。当然,英国国民收入的真正加速要等到 17 世纪末才实现。

美元(1990年)

图 1.8　黑死病对英国国民收入的影响

　　英国的人均收入持续千年停滞在维持生存的水平。由于黑死病的冲击,英国人均收入突然提高。尽管英国人均收入的增长过程并不平稳,有时还有波折,但英国的生活水平仍然得到了提升。在 1370 年到 1670 年这 300 年的时间内,英国人均收入提升了 26％。1670 年后的一个半世纪内,年收入增长率翻倍,达到 0.2％。这意味着到 1820 年英国人均收入水平比 1670 年时提高了 13％。尽管以现在的标准来看这样的增长并不令人瞩目,但这却是 19 世纪持续增长的开端。这一次增长最终改变了人类的生存状况。

　　资料来源:人均 GDP 数据来自 Stephen Broadberry,"Accounting for the Great Divergence," Economic History Working Papers 184—2013,London School of Economics,November 2013。

第二个分水岭是丝绸之路在 15 世纪的中断。在这个时候,伊斯兰世界分裂,中国明朝实行闭关锁国政策,君士坦丁堡也异常没落。奥斯曼帝国切断了东方与欧洲的贸易往来。

当时的中华文明繁荣昌盛。元明两朝,艺术、科学和手工业都发展到新的高度,船只也遍布公海。爱德华·德雷尔(Edward L.Dreyer)在他的书《郑和:明朝早期的中国和海洋》(*Zheng He: China and the Oceans in the Early Ming Dynasty*)中描写道,中国的航海家郑和从中国出发,航行到东南亚、印度、波斯和非洲地区。他乘坐的船,无论是规模大小还是先进程度都远超当时的欧洲。[9]

然而,丝绸之路的中断使欧洲和中东无缘分享中国的这些技术发展。

中东和亚洲的全球经济主导地位

在 15 世纪丝绸之路中断之时,亚洲是世界经济的主导。安格斯·麦迪森估算了从公元元年到公元 1500 年间各个地区占全球GDP 与人口的份额(见图 1.9)。

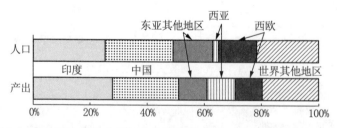

图 1.9　各地区占全球人口和产出的比重:公元 1500 年亚洲的主导地位

全球各地区的人均收入在公元 1500 年时并没有明显的差异,所以人口在全球的分布和 GDP(产出)的分布十分相近。亚洲地区,特别是印度和中国,在公元 1500 年时主导世界经济。西欧的经济产出和它的人口分别只占全球总量的 18％和 13％。

西亚的产出占比相比于其人口占比要高一些。这是因为那时的西亚正处在所谓的"伊斯兰黄金时代"。这个时期的西亚人均收入很高。

资料来源:Maddison 数据库(2013 年版)。

亚洲是这个时期人类文明的亮点。在有关全球化的讨论中这一点往往被忽略。事实上,正如历史学家菲利普·费尔南多-阿梅斯托(Felipe Fernández-Armesto)在他 1995 年出版的书《千年:上个一千年的历史》(*Millennium: A History of the Last Thousand Years*)中所指出的,无论从经济还是从地理的角度,欧洲当时只是"亚洲的一角"。[10]

原始全球化时期,公元 1450 年到 1776 年

漫长的全球化历史中,丝绸之路的开通是一个关键节点。发生于公元 1450 年的丝绸之路的中断也同样重要。它开启了一个被历史学家安东尼·霍普金斯(Anthony Hopkins)称作"原始全球化"的时期。这一时期为全球化第三阶段的出现做了准备。

原始全球化时期有三个支柱:文艺复兴和启蒙运动、地理大发现和哥伦布大交换。

文艺复兴和启蒙运动

从 14 世纪开始,欧洲逐渐脱离其亚洲文明边缘的地位,而转变为世界领先的经济和军事力量。约翰·霍布森(John Hobson)、费迪南德·布罗代尔(Ferdinand Braudel)和伊恩·莫里斯认为,欧洲文艺复兴时期的很多理念、制度和技术借鉴自中东和远东的先进文明。这些先进的思想、制度和技术在"伊斯兰黄金时代"由伊斯兰学者保存、整合和发展。欧洲学习了伊斯兰国家的商业实践、数学和制图学,也借鉴了一些来自中国的创新,比如钢铁冶炼、印刷、农业生产新方法、导航技术和火药,等等。

文艺复兴(公元 14 世纪到 17 世纪)由米开朗基罗、伽利略、路德、达·芬奇、马基雅维利和哥白尼等人推动而达到高潮。启蒙运动(17 世纪到 18 世纪)产生了霍布斯、休谟、康德、牛顿、斯密和卢梭等人的新思想。欧洲进一步崛起,并发展出银行、金融和市场等。

基础国际贸易思想发端于这个时代,后来发展成我们今天所谓的全球化。国际贸易最重要的思想来自亚当·斯密(Adam Smith)于 1776 年发表的巨著《国富论》(*The Wealth of Nations*)。而《国富论》的思想基础则来自法国重农学派。

欧洲地理大发现:全球化进程中第一次带有"全球"的意涵

15 世纪初期,亚洲仍然是全球经济和制造业的重心。此时丝绸之路消亡,如果欧洲能够绕过中东封锁,发现一条通往富裕远东的新路径的话,这将带来超高回报。葡萄牙皇室投资了一系列的航行,这是欧洲正式开始探索新航线的标志。这些航行的目标是寻找一条绕道非洲连接亚洲的航线。这些航行在全球化进程中第一次为全球化加入了"全球"的意涵。

公元 1419 年,葡萄牙人首先开始探索非洲西海岸。很快他们发现,利用强风(南大西洋环流),向西航行可以将他们带往南方。依靠季风和洋流,他们向西最远到达南美。可惜的是当时他们并没有在这个发现的基础上继续探索。

公元 1488 年葡萄牙船只成功绕过好望角,这是全球化的第一个关键突破。四年后,哥伦布徒劳无功地追求一条向西通往亚洲的航线,却阴差阳错由此登陆了中美洲。十年后,葡萄牙船只绕过非洲,抵达印度。他们顺利返航并向欧洲人讲述了他们的故事。仅仅两年后,葡萄牙又宣布巴西是其领地。

15 世纪末,葡萄牙在非洲西海岸和南海岸、中东、印度和东南亚设立了很多贸易口岸。这些口岸将里斯本和长崎连接起来。西班牙在中美洲全境和南美洲西海岸也设置了一些殖民地——特别是在秘鲁和玻利维亚。

16 世纪起,欧洲人开始主导欧洲向亚洲的贸易。欧洲各个国家玩起了"插旗占地"的游戏。荷兰人击败葡萄牙人,随后英国人又击败了荷兰人。

这样,地理大发现改变了亚欧的贸易路线,又带来了欧洲向南北美的殖民。从此,亚欧文明长达一万年的全球主导地位走向终结。

哥伦布大交换:以粮食交换疾病

全球经济的重心向北大西洋转移,这一进程一定程度上得益于所谓的"哥伦布大交换"。欧洲进口美洲的农作物——特别是土豆和玉米。欧洲的人口密度因此达到一个新的高度(创新发明需要一定的人口密度支持)。作为交换,欧洲给美洲新世界带去了疾病。新世界的人口数量急剧下降,这几乎抹掉了中美洲和安第斯山脉的古老文明(如图 1.10 所示)。

工业革命的兴起

原始全球化时期与全球化第三阶段之间存在着一段灰色地带,这一灰色地带以英国工业革命为标志。虽然我们把"工业革命"称作"革命",但这主要是因为这一革命的后果具有"革命"性。实际上这个革命的发展速度很慢,持续了近一个世纪的时间。这一革命改变了技术、组织、社会和制度,并彻底改变了人类生存状态。

经济史学家尼克·克拉夫茨(Nick Crafts)认为,由于时间是连续的,给工业革命找一个确切的起始年份有些难度。然而他认为一

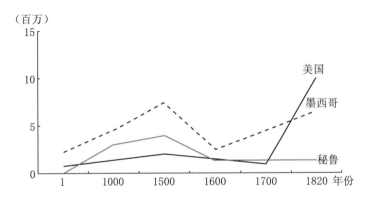

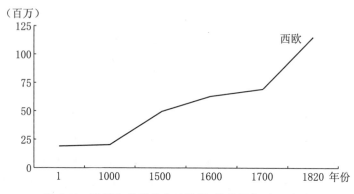

图 1.10　欧洲和美洲的人口数量：公元元年到 1820 年

　　欧洲通过哥伦布大交换引进了新的主食，这极大地刺激了欧洲人口的增长。同时，旧世界的疾病，如天花、麻疹和斑疹伤寒，也被带到了新世界。这些疾病使新世界的人口数量大大下降。由此，全球经济呈现一种状态：旧世界人口过多而土地资源不足，新世界恰恰相反。注意：图 1.10 中下图旧世界的坐标比例是上图新世界坐标比例的 10 倍。

　　资料来源：Maddison 数据库（2013 年版）。

个不错的标志年份是公元 1776 年。这一年，英国的工业增长发生结构性突破。正好，这一年也是斯密《国富论》出版之年。

　　工业革命首先标志着交通运输技术的进步。内河和道路运输网络在 18 世纪的最后几十年间变得密集起来。新式帆船、新的造船技术和航海技术的进步促进了水路运输的发展。到了 18 世纪，欧洲人绘制了世界地图，并具有了轻松航海的能力。殖民主义继续发展——特别是英国、法国和荷兰。南北美洲的独立运动对大西洋的贸易和经济增长也没有产生特别大的干扰。

　　以伦敦为中心，金融业的迅速发展也助推了上述发展进程。英国经济的重心从农业转向制造业，人口从农村迁往城市。

　　最初，这些巨变局限于英国内部，而没有在欧洲大陆传播。当时的法国正在经历 1789 年法国大革命和长达十多年的拿破仑战争。大卫·兰德斯（David Landes）在他 1969 年出版的著作《解除束缚的普罗米修斯》(*The Unbound Prometheus*)中写道,技术进步向欧洲大陆的传播遇到了障碍;这片大陆正遭受着"资本耗失,人力流失,政局不稳和弥漫社会的焦虑情绪。富裕企业主被杀害,贸易无法进行,通货膨胀剧烈,货币变更频繁"。[11]特别是在拿破仑战争期间,法国和英国竞相实行贸易封锁,贸易受到严重的抑制。

亚洲经济的停滞和大西洋经济的崛起

由此,中东地区对东西方贸易长达 1 500 年的垄断彻底终结。这一变化对全球经济、政治和军事力量格局产生重大的影响。如图 1.11(上图)所示,公元前的第一个千年,古老文明地区的发展领先全球。尽管如此,事实上也只有少数古老文明地区的人均收入能够超出最低温饱水平。这些发展较好的地区包括埃及、印度、伊朗、伊拉克、中国、土耳其、希腊、意大利和一些罗马帝国殖民地,如葡萄牙、西班牙和法国等。这个时期的北大西洋地区和日本仍然挣扎在温饱线上。

在这个千年快结束的时候,罗马帝国及其殖民地逐渐衰落。伊斯兰文明崛起,伴随着拜占庭帝国的兴起。

从公元 1500 年起,情况发生了变化(图 1.11 下图)。除了孕育文艺复兴的意大利,所有古老文明的发展都陷入了停滞。西欧的国民收入却得到了增长。欧洲几个大帝国的进步尤其令人瞩目——比如英国、荷兰、西班牙和葡萄牙等。西欧国民收入的增长反映出那里发生了巨大的经济政治变化。这一变化即所谓的"商业革命":封建的农村经济(/农业经济)向以城市和市场为基础的经济转变。

人口与人均收入

在全球化的第二个阶段,尽管亚洲各国的人均收入水平开始渐渐落后于大西洋经济体,但亚洲的全球经济主导地位并没有发生大的变化。如图 1.12 所示,亚洲庞大的人口数量使得大西洋经济体的人均收入优势无足轻重。

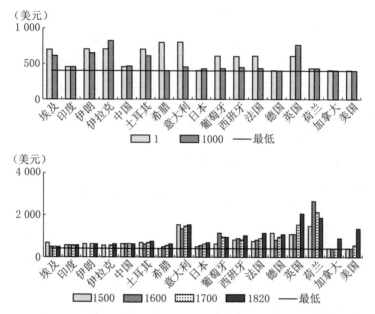

图 1.11　人均收入：公元元年到 1820 年（以 1990 年的美元计价）

马尔萨斯水平指仅够维持生存的收入水平。以现代的价格标准来看，安格斯·麦迪森估计这一水平大约是一年 400 美元。在公元 1000 年以前，只有一些古老文明能够取得超过这一水平的收入。当然超也超不了太多。在原始全球化时期，西欧和其在新世界的殖民地收入开始攀升，古老文明国家的收入水平却陷入停滞。

资料来源：Maddison 数据库（2009 年版）。

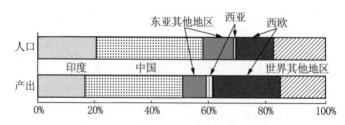

图 1.12　公元 1820 年亚洲仍旧主导世界经济（占全球总量的比重）

到 1820 年，大西洋地区的人均收入水平已高出亚洲不少。但是亚洲人口数量庞大，这使得亚洲依然占据全球经济的重心。中国在清朝时期引进了新的粮食作物，中国的人口暴增。因此，中国占全球人口的份额从 1500 年的 25％上升到 1820 年的近40％。1820 年正是现代意义上的全球化开始之时。

资料来源：Maddison 数据库（2013 年版）。

世界即将巨变

全球化的第二阶段奠定了全球人口的分布状态。公元元年有大约三分之二的人类居住在东亚和南亚。今天,这一状态也没有发生什么变化。原因很简单,亚洲的环境特别适宜人类生存。然而,巨变正在发生。在全球化第二阶段末期,西欧经济体人均产出与亚洲经济体的人均产出差距开始扩大。人均产出差距的扩大最终导致世界经济格局的倾覆与颠倒。下一章中,我们将详细介绍全球化的第三阶段。

专栏 1.2　全球化第二阶段概要

人类这个物种从出现开始就不断经受着各种气候变化。当前的全球变暖相比于历史上的气候变化,不过就是毛毛雨而已(参见图 1.1)。在 1.2 万年以前,地球气候变得逐渐"文明"起来,这正是全球化第二阶段的开端。

生产和消费仍然像过去一样被"捆绑"在一起。但是,由于农业革命,生产可以向消费靠近,而消费不再需要向生产靠近。这一时期的全球化意味着全球经济的"区域化"。

结果

如果把当今世界比作一座房子,全球化的第二阶段就是地基。所有现代文明的特点都在这一阶段开始成型——从书写到对政府和军事实力的推崇。这一地基的奠定过程分为三个阶段。

1. 气候变化与亚洲崛起(公元前 1 万年到公元前 200 年)。

气候变得温暖并达到稳定。生产集聚在特别适于粮食生长的四个流域（这些流域大都分布在北纬 30 度左右）。每年的河水泛滥解决了原始农业的最大障碍——土地肥力的枯竭。大量的人口与大量粮食的生产可以在同一地区存在上千年。这最终孕育了埃及、美索不达米亚、印度/巴基斯坦和中国的古老文明。这四个文明中靠西边的三个间开始出现一些地区间的贸易。只不过这些贸易交换的产品局限于那些本地无法生产的原材料或者专供顶层贵族消费的奢侈品。

2. 丝绸之路带来欧亚一体化（公元前 200 年到公元 1350 年）。

在这个时期，四个生产/消费集聚区之间开始经常性进行贸易。不过，由于运输成本高昂，贸易量极其有限。

3. 黑死病严重地打击了欧洲，却开启了欧洲的崛起进程（公元 1350 年到 1820 年）

西欧，向来是一块原始而闭塞的地方（除了古希腊—罗马文明的几个世纪的辉煌）。在这一时期，西欧却转而成为雄踞世界经济、军事和文化之巅的经济体。造就这一命运转变的关键是文艺复兴和启蒙运动、地理大发现和哥伦布大交换。工业革命，这个在全球化的第二阶段结束时发生在英国的星星之火，最终在全球化的第三阶段成为席卷全球的热浪。

注释

1. Vincent Macaulay, et al., "Single, Rapid Coastal Settlement of Asia Revealed by Analysis of Complete Mitochondrial Genomes," *Science* 308, no.5724 (2005): 1034—1036.

2. Jared Diamond, *Guns, Germs, and Steel: The Fates of Human Societies* (New York: W.W. Norton, 1997).

3. Ian Morris, *Why the West Rules—for Now: The Patterns of History and What They Reveal about the Future* (London: Farrar, Straus and Giroux,

2010).

4. William J. Bernstein, *A Splendid Exchange: How Trade Shaped the World* (New York: Atlantic Monthly Press, 2008).

5. Angus Maddison, *Contours of the World Economy 1—2030 AD: Essays in Macro-Economic History* (Oxford: Oxford University Press, 2007). See Chapter 3 for details.

6. Norman Cantor, *In the Wake of the Plague: The Black Death and the World It Made* (New York: Free Press, 2001).

7. Ronald Findlay and Kevin H. O'Rourke, *Power and Plenty: Trade, War, and the World Economy in the Second Millennium* (Princeton, NJ: Princeton University Press, 2007).

8. Stephen Broadberry, "Accounting for the Great Divergence," Economic History Working Papers 184—2013, London School of Economics, November 2013, http://www.lse.ac.uk/economicHistory/workingPapers/2013/WP184.pdf.

9. Edward L. Dreyer, *Zheng He: China and the Oceans in the Early Ming Dynasty, 1405—1433* (New York: Pearson Longman, 2007).

10. Felipe Fernández-Armesto, *Millennium: A History of the Last Thousand Years* (New York: Scribner, 1995).

11. David, S. Landes, *The Unbound Prometheus: Technological Change and Industrial Development in Western Europe from 1750 to the Present* (Cambridge: Cambridge University Press, 1969).

2 蒸汽革命和全球化第一次解绑

一场惊人的财富逆转大戏在全球化的第三阶段上演。

自文明破晓,亚洲和中东地区的消费/生产集聚区就主宰着世界。无论是写作、算术、文学、诗歌,还是城市、宗教、政府、法律、军队和种族,分布在青藏高原以东、以南和以西的消费/生产集聚区创造了人类社会的方方面面。这些文明古国主导着全球经济活动,这些文明之外的其他地方总产出不到全球产出的三分之一。遗憾的是,古老文明的主导地位在全球化第三阶段结束的时候被彻底颠覆了。

这一颠覆的过程就像一场三幕式的戏剧。

第一幕:1820 年至 1913 年

戏剧的主角(降低的贸易成本)和其他主要角色(贸易、工业化、城市化和经济增长)等在第一幕中陆续出场。这一幕持续了近一个世纪。

第二幕:1914 年至 1945 年

本剧的第二幕中开始出现冲突。主人公遭受巨大的挫折,观众不禁好奇:全球化是否已到穷途末路?这一幕仅仅持续了 30 年,但它却让主人公遭受两次世界大战和全球经济大萧条接连的摧残。随着保护主义抬起丑陋的头,战争再次将生产和消费强制捆绑起来,观众倒吸了一口凉气。

第三幕:1946 年至 1990 年

主人公在第三幕中冷静下来并战胜了困难。在这一幕的 40 年里,贸易自由化和交通工具的创新降低了贸易成本,生产和消费的解绑取得前所未有的进展。

采用这样的三幕式结构还不仅仅是为了叙述方便。现实中,我们也能从数据上(如图 2.1 所示)很明显地看到三个阶段。

蒸汽革命是全球化第三阶段发生的所有巨变的起点。蒸汽机使人类开始能够横跨大洲,这在依靠马力、风能和水能的过去是无法想象的。蒸汽革命重塑了世界,然而是哪些因素推动历史发展进入全球化的第三个阶段? 在继续描述历史之前,我们有必要先对这些因素做些探讨。

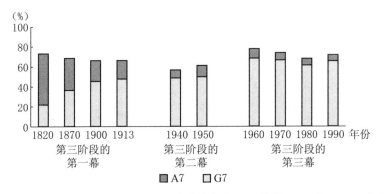

图 2.1 七大文明古国 A7 和 G7 经济体的全球 GDP 份额(1820 年至 1990 年)

全球 GDP 份额的变化说明了发生在全球化第三阶段的惊人财富逆转。我们比较这两组国家:七大文明古国(中国、印度/巴基斯坦、伊拉克、伊朗、土耳其、意大利、希腊和埃及,简称 A7)和美国、日本、德国、法国、意大利、英国和加拿大(通常称为G7)。这些国家中的意大利大约在 1500 年从 A7 转变为 G7,因此在图中被放在 G7经济体而不是 A7 经济体。如图所示,第三阶段发展过程的"三幕式"结构非常明显:在第一幕中,GDP 份额突然从 A7 向 G7 转移。在第二幕中,这一变化发生了停滞。直到第三幕,这一进程才得到进一步的发展。注意:整个全球化的第三阶段中,A7 和 G7 国家的 GDP 份额总和一直占全球 GDP 的 80%左右。

资料来源:Maddison 数据库(2009 年版)。

突破:蒸汽革命

在全球化的第三个阶段,所有贸易成本都得到大幅的下降。尽

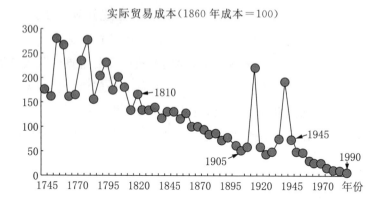

实际贸易成本（1860 年成本＝100）

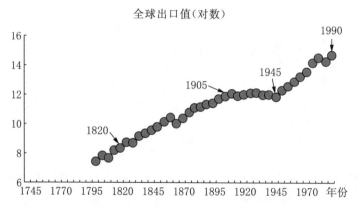

全球出口值（对数）

图 2.2　贸易成本和国际贸易（1745 年至 1990 年）

　　与图 2.1 相似，我们也可以从贸易成本（上图）和国际贸易（下图）的演变中清晰地看到三幕式结构。蒸汽革命和"不列颠治世"带来贸易壁垒的大幅下降，国际贸易在第一次世界大战前快速地发展起来。

　　收入增长有力地刺激了国际贸易。欧洲和日本的贸易随着工业革命迅猛发展。美国等欧洲附属国的贸易发展也不断加速。在经历了两次世界大战带来的短暂停顿后，国际贸易重拾上升态势。

　　资料来源：国际贸易值（出口）数据来自 David S.Jacks, Christopher M.Meissner, and Dennis Novy, "Trade Booms, Trade Busts, and Trade Costs," *Journal of International Economics* 83, no.2(2011)：185—201。1870 年前的数据由作者补充。1870 年前的贸易成本数据出自 Knick Harley, "Ocean Freight Rates and Productivity, 1740—1913: The Primacy of Mechanical Invention Reaffirmed," *Journal of Economic History* 48, no.4(1988)：851—876。其余数据来自 Saif I. Shah Mohammed and Jeffrey G.Williamson, "Freight Rates and Productivity Gains in British Tramp Shipping 1869—1950," *Explorations in Economic History* 41, no.2(2004)：172—203。

管二战后贸易成本也有不小的下降,这个下降在很多人看来也已经是革命性的下降了,然而,二战后的下降和第三阶段初期的贸易成本下降比起来简直就是侏儒和巨人的区别。从图 2.2 中(上图)我们可以看出,贸易成本在 19 世纪早期之前一直上下波动。进入全球化第三阶段后,贸易成本进入一个持续了近一个世纪的平稳下降过程。由于两次世界大战的影响,贸易成本在大战期间短暂上升,但在二战结束后又重新回到下降的轨道。贸易成本的这些变化也可以很明显地从相应时期的国际贸易值看出来。

在 18 世纪和 19 世纪早期,贸易成本下降的主因是运输成本的下降。但是运输成本的下降并非单纯由于航运能力的提升。三位经济史学家,阿兰·泰勒(Alan Taylor)、安东尼·斯特威德尔(Antoni Estevadeordal)和布莱恩·弗朗茨(Brian Frantz)发现:金本位的传播也大大促进了国际贸易的发展。

贸易成本下降最初的起因是蒸汽动力。商用蒸汽机最早于 1712 年面世,纽科门(Newcomen)发动机体型笨重,耗能巨大,功效却比较有限。但它能够从煤矿里抽水,从而完成了在过去需要大约 500 匹马才能完成的任务。接下来的一个半世纪里,蒸汽机的设计取得很大的进步,并被赋予更多的工业用途。

动力的集中化推动了工业化进程,并由此提高了人们的收入,这同时也刺激了人们对运输的需求。种种突破性的创新满足了人们对先进交通运输方式的渴望,比如早期的航船、内陆的水道和道路运输等方面。到 19 世纪早期,商业蒸汽机已经被用在了船只和火车上。

铁路从根本上降低了散装货物横穿内陆的运输成本,并由此打开了欧洲内陆通向全球经济的大门。这一巨变从 19 世纪 40 年代开始。短短几十年间,铁路彻底改造了陆地交通。英国具有先发优势,然而人均铁路里程数方面很快被美国和德国赶超。日本的国内运输更多地依靠海运，因此直到 19 世纪晚期才加入铁路方面的竞争。

相似地，蒸汽船带来远洋航行的革命，不过这场革命来得并不特别迅速（见表 2.1）。1819 年，蒸汽船第一次横渡大西洋，当时还是一艘使用风力和蒸汽混合动力的木船。在长达几十年的时间里，船只一直不能完成从混合动力向单纯依靠蒸汽供能的转变，这主要是因为航程中的煤炭供应受到限制。就像今天充电桩数量的不足束缚了电动汽车的发展一样。到 19 世纪末，全球主要港口都建成储煤仓库，蒸汽船及时补充燃料才不再是个问题。

表 2.1　1825 年至 1860 年英国蒸汽船的运载能力（单位：吨）

年份	铁制蒸汽船	木制蒸汽船	合　计
1825	0	4 013	4 013
1830	0	3 908	3 908
1835	3 275	22 192	25 467
1840	20 872	30 337	51 209
1845	33 699	8 268	41 967
1850	70 441	52 248	122 689
1855	478 685	34 414	513 099
1860	389 066	12 174	401 240

蒸汽船掀起远洋航行的革命，但是这场革命用了近几十年的时间。我们可以利用英国的数据来观察蒸汽船数量的发展。表 2.1 中的数字显示：蒸汽船数量在 19 世纪早期开始出现微小的变化。19 世纪 30 年代的前半段，蒸汽船数量明显上升，19 世纪 40 年代也有类似的增长。最大的变化还是发生在 19 世纪 50 年代晚期，仅仅用了 5 年的时间，蒸汽动力船的数量增加了近 5 倍。

从 19 世纪中期起，蒸汽机就统治了海洋。直到 20 世纪 30 年代，蒸汽机才被柴油机取代。比如，一战时的战船大多还是蒸汽动力船，但到了二战时期，战船就大多以柴油为动力了。

资料来源：Jonathan Hughes and Stanley Reiter, "The First 1945 British Steamships," *Journal of the American Statistical Association* 53, no.282(1958)：360—381, table 367。

蒸汽船产生了深远的影响。在 19 世纪 30 年代末，一艘顶级的大型帆船从利物浦航行至纽约大约需要 48 天的时间。有利的风向使得回程会更快一些,但也需要差不多 36 天。然而到 19 世纪 40 年代末,无论往哪个方向的蒸汽船都能在大约 14 天内完成航程。

蒸汽机在 19 世纪 70 年代有了更多的进步。船体变得更轻、更结实,燃料利用效率也得到了提高。到 1870 年,船只、发动机、燃料和驱动技术的结合使得蒸汽机成为海洋之王,也成为洲际运输的主宰。到全球化第三阶段结束时,蒸汽机最终被柴油机取代。

就像蒸汽革命改变了商品贸易一样,电报改变了人们的交流方式。1866 年,第一条横跨大西洋的电报电缆投入使用。之后的几十年,大部分国家紧随其后开始铺设电缆。从现在的标准来看,当时通过电报传递的信息数量少得微不足道,然而这却真正是通信行业的一场革命。在电报出现以前,洲际信息传递少则数周,多则上月,电报却把这个过程缩减至短短的几分钟。

了解了这些事实,接下来让我们回看一下历史的进程。

全球化第一次解绑何时开始

凯文·奥罗克和杰夫·威廉姆森的一篇很有影响的论文《全球化何时开始》(When Did Globalization Begin?)探讨了这一问题。他们认为,经济全球化的含义是区域间市场的整合,而这种整合可以通过国际价格趋同速度来度量。以此为标准,他们通过分析数据得出现代全球化在 1820 年前后开始。从这个时期起,各国——至少是英国——国内价格的设定更多地由国际供求关系决定,而非国内供求关系。[1]

因此,本地的需求不再受制于本地的供给,价格在国家间趋于相同,国家间在产业上开始分工和专业化。一国不再生产所有产品,反而专注于自己的优势领域,进口自己不生产的其余产品。这标志着全球化第一次解绑的开始。这个过程也是一部三幕剧。

第一幕：一战前的解绑

在奥罗克和威廉姆森认定的全球化起点——1820年,并没有什么特殊的重大科技创新。这一年大致对应到拿破仑战争的结束(1815年)和维也纳会议。这次会议的合约带来了近一个世纪的和平,在此期间,英国凭借全球无可匹敌的海军力量,创造了"不列颠治世",国际贸易蓬勃发展。

贸易量激增

除了之前讨论过的运输成本,进口税(关税)也是贸易的一大障碍。随着运输对贸易约束的放松,贸易政策约束的影响越来越大。因此,在全球化的第三阶段,贸易政策的变化是全球化发展的一个重要组成部分。

保罗·贝洛赫(Paul Bairoch)是最著名的保守派经济史学家之一。他认为关税的历史可以分为三个阶段。[2]第一阶段,英国从1815年开始逐渐降低关税,并最终以著名的"谷物法废除"为标志在1846年实现了自由贸易。欧洲大陆国家也尝试通过自由贸易来复制英国工业化的成功。第二阶段即从1846年到1879年的大约30年。在这个阶段自由贸易占据着统治地位。在第三阶段,即从1879年到1914年,现代意义上的贸易保护主义登上历史舞台。俾斯麦引领了贸易保护主义的风潮。

俾斯麦在德国完成统一并消除了国内贸易壁垒之后宣布恢复对外国的高关税。他宣称:"别国的过量生产和德国的过度消费降低了德国的价格水平,阻碍了工业的发展。"[3]从1879年到1914年,德国的关税翻了两倍甚至三倍。这样的政策在今天被称为"幼稚产业保护"政策,即通过提高进口关税以保护德国的制造业不被英国制造业的竞争击垮。

同一个时期,欧洲之外的主权国家也设置了很高的关税。比如,美国的关税比欧洲主要国家的关税还要高 8—10 倍。失去主权的殖民地会被迫选择自由贸易,至少是对来自宗主国的进口开放市场。表 2.2 展示了这些趋势。

表 2.2　工业品关税:1820 年、1875 年和 1913 年(％)

	1820 年前后	1875 年	1913 年
奥匈帝国	禁止	15—20	13—20
比利时	n/a	9—10	9
丹麦	30	15—20	14
法国	禁止	12—15	20—21
德国	n/a	4—6	13
意大利	n/a	8—10	18—20
普鲁士	15	20—25	n/a
俄国	禁止	15—20	84
西班牙	禁止	15—20	34—41
瑞典(挪威)	禁止	3—5	20—25
瑞士	10	4—6	8—9
荷兰	7	3—5	4
英国	50	0	0
美国	45	40—50	44

自 1846 年英国首先实行自由贸易政策以来,贸易保护主义逐渐衰落。欧洲国家从 1860 年开始学习英国,但欧洲国家间的自由贸易只维持了很短一个时期。欧洲大陆的国家大多在 1880 年左右抛弃了自由贸易政策。只有比利时和挪威是例外,这些国家有着悠久的海外贸易传统。

欧洲之外的主权国家(没有列在本表中)大多维持了很高的进口关税,希望以此保护本国制造业不受英国竞争的冲击。美国在 19 世纪 50 年代稍微尝试了一下自由贸易,但很快便同欧洲大陆一样,重回贸易保护立场。

注:"禁止"表示进口被禁止;"n/a"表示信息缺失。1820 年的时候比利时属于荷兰;1820 年德国的数据来自普鲁士(德国直到 1871 年才成为一个国家)。

资料来源:Richard Baldwin and Philippe Martin, "Two Waves of Globalization: Superficial Similarities, Fundamental Differences," NBER Working Paper 6904, National Bureau of Economic Research, January 1999, table 8。

发达国家的工业化和发展中国家的去工业化

拿破仑的失败促使欧洲大陆国家开始工业化。比利时是第一个学习英国的国家。它在 1820 年至 1870 年间发展迅猛。法国、瑞士、普鲁士和美国在 19 世纪三四十年代开始模仿英国。到 19 世纪末，工业化浪潮扩散至加拿大、俄国、奥匈帝国、意大利和许多其他欧洲国家。

化学、电力和内燃机在 19 世纪后半段的发展催生了新的工业和生产方式，即所谓的"第二次工业革命"。第二次工业革命使得美国的工业实力超越英国。发达国家的工业化造成工厂在工业区的地理集中，而这种集中进一步带来创新成本的降低，并刺激工业化国家（北大西洋经济体和日本）内生产的进一步集聚。与此同时，古老文明地区（即过去的消费/生产集聚区）的生产力螺旋下降。发达国家的工业化和发展中国家的去工业化构成全球化第三阶段的最突出特征。

正像西蒙·库兹涅茨（Simon Kuznets）在《经济增长和结构》（*Economic Growth and Structure*）一书中介绍的那样，"就在 19 世纪之前不久，现在的一些不发达国家（比如中国和印度）还被认为要比欧洲发达得多。"[4] 18 世纪时，无论是质量，数量还是出口量，印度的棉纺织业都是全球的领导者。同时，印度和中国也生产着世界上最高质量的丝绸和瓷器。在此之前，欧洲的制造业和东方国家相比毫无竞争力，东方国家生产的产品畅销欧洲，并换得大量的白银。

然而到 19 世纪末时，印度超过百分之七十的纺织品需求需要进口来满足。印度在纺织业的价值链中不断沉沦，最后只能专业化于原棉的出口。印度的造船业和钢铁业也有类似的衰落，只是相比于纺织业，其程度没有那么剧烈。

　　图 2.3 展示了人均工业化和去工业化的演进过程。在起始点
1750 年时，几乎所有的地区和国家水平都非常接近。如果将英国在

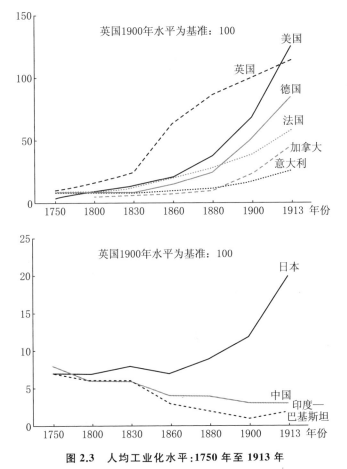

图 2.3　人均工业化水平：1750 年至 1913 年

　　英国是第一个工业化的国家。英国在 1900 年被美国超越前，它的人均工业化水平一直保持着巨大的优势。其他欧洲的 G7 国家在 19 世纪中后期开始工业化，而日本的工业化则在 1860 年左右开始加速。

　　如图所示，G7 国家工业化的同时是中国和印度次大陆的去工业化。注意：上图中竖轴的最大值为 150，而下图中竖轴的最大值仅为 25。

　　资料来源：Paul Bairoch，"International Industrialization Levels from 1750 to 1980," *Journal of European Economic History* 2(1982):268—333，table 9。

1900 年人均工业化水平作为基准(100)，那么在 1750 年，欧洲国家的水平在 6—10 之间。中国和印度的水平大约为 7 或 8，美国则为 4。

到 1860 年时，英国成为全球工业化的领头羊。它在工业化中的极度强势领导地位能够很好地解释为什么英国这么一个小小的国家能够在全球建立起"不列颠治世"。其他国家中，法国和美国最接近于英国的工业化水平，即使这样，它们的工业化水平也只有英国水平的三分之一。别的国家，如德国的工业化水平只是英国的四分之一，日本是英国的九分之一。而此时的中国则远远地落在了后面，再不可与英国同日而语了。

当然，人均工业化水平不能代表经济体量在全球的分布。18 世纪时，由于各国人均工业化水平相近，而亚洲又在人口数量上占据绝对优势，因此此时的亚洲经济仍然是全球的主导。把这时的人均工业化水平乘以各国人口数量，便可粗略得到全球各国总产出数据。通过计算可看出：1750 年，中国和印度/巴基斯坦占据了全球产出的73%。即使到了 1830 年，它们也占了全球产出的一半以上。到 1913年，这一比重降到可怜的 7.5%。

收入分化的变局节点

G7 经济体在 19 世纪的快速发展被兰特·普里切特(Lant Pritchett)称为"收入分化的变局节点"。肯·彭慕兰(Ken Pomeranz)则称之为"大分流"(这个词也被其用作书名)。[5] 文明古国的经济尽管一定程度上也受到了工业化的影响，但是它们的经济增速还不及发达国家的一半(图 2.4)。

两类国家间看似很小的增速差异通过几十年的不断累积最终引致巨大的收入差异。比如，美国在 1820 年的收入水平大约是同时期中国的 3 倍，而到 1914 年已经扩大到差不多 10 倍。七大文明古国中其他国家也类似,它们和"先进工业化国家"的收入差距也比中美差别小不了多少。

　　发达国家的快速工业化和它们人均收入增长之间的联系紧密,这里主要有两个原因。第一,农业生产中时间大量被浪费(比如耕种期和收获期之间的农闲时段),劳动力从农业转移至制造业就极大地提高了人均产出率。尽管现实中劳动力从农业向制造业的转移并没有持续很长的时间,但它对经济增长的影响则持续了数十年。第二,制造业生产中相对容易产生持续的创新。因此,制造业工人占总人口比重的增长会带来整体经济创新率的提升和生产率的提高,并由此促进收入的增长。

　　虽然如此,在 G7 国家内部,分处于北大西洋两侧的经济体间经济增长的动力也稍有不同。在欧洲,人口增长和可耕地的限制降低了农业劳动生产率。欧洲农业收益递减,因此工业化是欧洲收入增长的主要来源。

　　而在新大陆,农业也为收入增长做出了贡献。这里的大片土地未被开垦,很多土地又非常肥沃。地广人稀的情况下,较高的人均土

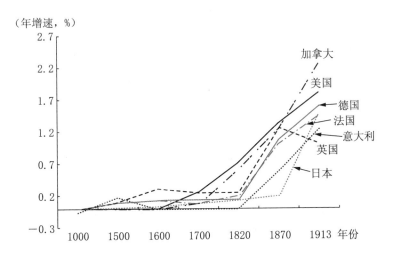

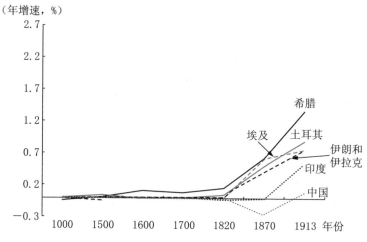

（年增速，%）

图 2.4　19 世纪的飞速发展：G7 与 A7 的对比

　　七大文明古国（A7）在过去的几千年间一直主导着全球经济。然而，工业革命时代更早更快地降临于 G7 国家。图 2.4 显示，欧洲和日本的发展主要为工业化进程所推动。美国和加拿大稍有不同。新大陆还有广袤的土地，由于欧洲移民的迁移和开垦，这里的人均收入水平也得以提高。因此，农业也贡献于美国和加拿大的人均收入水平的发展。

　　第一次世界大战时，所有的 G7 国家（也就是 19 世纪时的"新兴市场"）全都达到年均百分之一到二的经济增长率。这样的增长率在那个时代已经很了不起了。

　　部分 A7 国家的经济增速在 1820 年左右也发生了变化。地中海沿岸的 A7 国家经济开始起飞，希腊的表现尤为抢眼。到 1914 年，希腊加入了高速增长俱乐部，并很快地脱离其他 A7 国家（意大利脱离 A7 的时间大概在第二个千年的中期）。与此相反，A7 中的亚洲国家表现差强人意：中国经济萎缩，印度停滞不前。

　　注：为了方便直观比较，图 2.4 的上下两图使用了相同的纵坐标比例。以今天的标准来看，当时的增速差别并不太大。但是，正是这样的增速差异实际上在短短的几十年间使得两类国家间产生了巨大的收入差距。

　　资料来源：Maddison 数据库（2009 年版）。

地拥有量提升了农业的劳动生产率。在 1880 年至 1914 年间（见表 2.3），大量的移民从欧洲来到新大陆，这一过程把大西洋两岸的农业劳动生产率都提高了。

　　这就引起了所谓的"库兹涅茨周期"。随着运输成本的下降，特别是铁路的建设和运河的开凿，美国原来的内陆地区成了原料产地，

移民和资本不断向新开拓的地区流入,美国由此而经历了差不多 15
年到 20 年的增长。

表 2.3　19 世纪欧洲向新大陆的移民

占本国人口的 百分比(％)		19 世纪 80 年代	19 世纪 90 年代	20 世纪 第 1 个 10 年
移出国	英国	−3.1	−5.2	−2.0
	意大利	−1.7	−3.4	−4.9
	西班牙	−1.5	−6.0	−5.2
	瑞典	−2.9	−7.2	−3.5
	葡萄牙	−3.5	−4.2	−5.9
移入国	美国	5.7	8.9	4.0
	加拿大	2.3	4.9	3.7

　　19 世纪时,欧洲人口过剩而新大陆人口匮乏。这就引发大量从欧洲向新大陆的
移民。这一移民过程是全球化第三阶段第一幕中最为引人瞩目的事件之一。如表中
数据所示,19 世纪 80 年代起,跨越大西洋的移民数量庞大。
　　按照现在的标准,那时的移民人数简直不可想象。这个时期,欧洲国家每十年就
有百分之二到五的人口移出。对美国而言,这些移民的影响巨大。20 世纪美国在科
学、诗歌、政治、军队等领域的领袖人物很大一部分都出自移民或移民的后代。
　　资料来源:Baldwin and Martin, "Two Waves of Globalization," table 16,该表基
于 Alan Green and Malcolm Urquhart, "Factor and Commodity Flows in the Interna-
tional Economy of 1870—1914," *Journal of Economic History* 36(1976):217—252,
table 2。

城市化

　　如果以超过百万人口的城市的数量为标准度量城市化发展水
平,那么大西洋经济体在全球化第三阶段时的发展远远超过了世界
其他地区(图 2.5)。早在 1800 年时,欧洲在这方面远远落后于中国,
仅与日本相当。而到了 1900 年时,欧洲超过百万人口城市的数量比
全球所有其他地区的总和还要多,其次就是美国。
　　时间前进至 1950 年,这一趋势甚至得到进一步的加强。G7 国

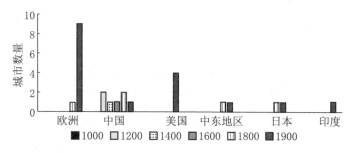

图 2.5   财富的逆转：以超过百万人口城市的数量为标准度量

从第二个千年的第一天起到大约 1800 年，这个世界上所有的大城市，即超过百万人口的城市都分布在亚洲和中东的文明古国里。历史上全球大城市的总数时多时少。直到世界经济的重心开始向北大西洋经济体转移时，全球大城市的总数才有了一个明显的增加。

到 1900 年时，几乎所有超过百万人口的城市都分布在欧洲或者美洲。只有两个城市例外，包括日本的一个城市，这一转变是全球化第三阶段"财富惊人逆转"的有力证据。现在，世界城市的格局已经由 A7 的大城市为主导转变为由 G7 的大城市为主导了。

带来这种转变的，正是如图 2.4 所示的收入差距的拉大，这是因为一国的城市化水平和其人均收入有着紧密的联系。

资料来源：George Modelski, *World Cities*，－ 3000 to 2000（Washington，DC：FAROS，2003）。

家中超过百分之六十的人口生活在城市中，而在文明古国中只有百分之三十左右的人口生活在城市里。这说明第一次解绑推动了全球的城市化进程。到 1950 年，北大西洋经济体在城市化方面远远领先于其他地区。由于城市化与收入紧密相关，北大西洋经济体相对于别的地区在收入上取得巨大的优势。

第二幕：重新捆绑 1914—1945 年

如果单纯考虑全球化本身，第一幕中的第一次解绑可以说只收获了十分惨淡的结局。第一次解绑一开始受到的挫折很微小，但挫折很快就变成巨大的冲击。经济史学家哈罗德·詹姆斯（Harold

James)在他 2001 年出版的同名著作中称之为"全球化的终结"。这里,战争是终结第一次解绑的直接元凶。

　　战争是自由贸易的"敌人",两次世界大战都不例外。它们增加了航运的风险,贸易成本水涨船高。从图 2.2 中我们可以看到贸易成本在两次战争期间的突然升高。由于战争的影响,生产和需求在两次世界大战期间被重新捆绑起来。

　　当运输成本从战争阶段的最高点开始下降时,关税却开始快速提升,生产和消费仍旧难以重回过去一个世纪以来的解绑趋势。如图 2.6 所示,关税在战争进行期间有所下降,但在两次战争的间隔期

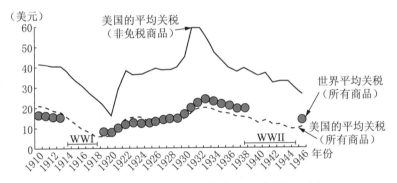

图 2.6　世界和美国的平均关税:1910 年至 1946 年

　　第二幕期间各国的关税变化很大。战时的通货膨胀拉低了关税占产品价值的百分比,但与此同时政策性关税又大大提升,阻碍了贸易的发展。其中最引人注目的就是《斯姆特霍利关税法案》以及全世界范围针对该法案的报复性关税。

　　加州大学伯克利分校的经济学家巴里·艾肯格林(Barry Eichengreen)认为这个时期国际金融体系对金本位的依赖促进了保护主义的发展。在他的著作《黄金枷锁:金本位和大萧条》(Golden Fetters: The Gold Standard and the Great Depression, Oxford University Press,1992)中,他描述了政府如何由于缺乏汇率调整工具从而转向关税工具。

　　注:平均关税税率由征收关税值除以进口品价值计算得到。最下边的曲线表示美国的平均关税值(包含免税商品,如很多原材料等)。

　　资料来源:美国关税数据来自美国国际贸易委员会;世界关税数据来自 Michael Clemens and Jeffrey G.Williamson, "Why Did the Tariff-Growth Correlation Reverse after 1950?" Journal of Economic Growth 9,no.1(2004):5—46。

间却大幅提升。战争进行期间关税的降低很大程度上并非人为故意。这是因为当时的关税一般以名义价格计算(例如,每吨香蕉的关税为 100 美元),因此,战时的通货膨胀使得关税在进口消费品价格中所占的比重微不足道。不管怎样,当时的大多数国家严格控制进口,关税实际上并不是真正的贸易障碍。

两次大战间隔期间的关税上涨却是人为设计的,其推动力量主要是当时各国政治对全球化的抵制。尽管伍德罗·威尔逊(Woodrow Wilson)总统将自由贸易列为自己著名的"十四要点"之一,但第一次世界大战后的决议,尤其是《凡尔赛条约》,大多忽视世界贸易体系的健康。20 世纪第一个 10 年的后期至 20 年代,保护主义以一种非常混乱而怪异的方式在欧洲和其他地方生根发芽。

最根本的问题在于,此时的英国再不像第一幕时所做的那样,它不愿意也没能力单方面托举起世界贸易体系。美国麻省理工学院的经济学家查尔斯·金德尔伯格(Charles Kindleberger)在他 1989 年的文章《世界大战间隔时期的经济政策》(Commercial Policy between the Wars)中这样描述:"英国丢失了其霸权地位,又没有别的国家能够接替英国的位置,国际关系陷入混乱之中。"压垮国际贸易体系的最后一根稻草是美国在 1930 年颁布的臭名昭著的《斯姆特霍利关税法案》,由于这一法案,美国的关税飙升。

《斯姆特霍利关税法案》的正式法律名称是《1930 年关税法案》。其最早源自 1928 年秋天总统候选人赫伯特·胡佛(Herbert Hoover)在竞选时向农民作出的保护主义承诺。1929 初国会特别会议讨论通过了该项法案框架,由此美国陷入孤立主义和保护主义的循环。法案讨论的关税征收范围从农产品拓展到工业品,民主党也开始支持共和党的保护主义主张。到最后,就像经济学家查尔斯·金德尔伯格所说的那样,"民主党和共和党成为委员会的傀儡,各行业的游说团体接管了设定关税税率的任务"。[6]

　　早在该法案正式通过前的 1930 年 6 月，外国就已经开始展开对该法案的报复。意大利、法国和其他国家在 1929 年末到 1930 年初表现十分强硬。英国最终废弃了自由贸易，贬值英镑，并在两年后建立了帝国特惠制。

　　这些做法的结果显而易见。图 2.6 展示了美国的平均关税和世界平均关税。图中美国较低的关税曲线是包含所有商品的平均关税，而较高的关税曲线则只包含那些非免税进口的产品。因为在诸如矿产和原材料等产品上美国无法自己生产，因此也就没有什么国内产业可以保护，所以美国在这些产品上的进口关税为零。这些产品的存在造成图中两条美国关税曲线间的差距。美国征收关税的产品主要是制造业产品与农产品。对全球平均关税而言，由于缺乏各国免税进口产品的信息，图 2.6 只展示了用所有商品进口值计算出来的平均关税。为了比较方便，我们也同时展示美国用所有商品进口值计算出来的平均关税。

　　到 20 世纪 30 年代末，世界分裂成几个贸易集团。德国、意大利和苏联保持着双边贸易协定，在产业政策上明确奉行独立完整经济体系的目标，并希冀能拥有全球主导权。英国则通过帝国特惠制将自己与它的殖民地连接在一起，日本则着力打造所谓的"大东亚共荣圈"。

　　自由贸易体系的崩溃推动全球加速滑向第二次世界大战，它促使德国、意大利和日本接受法西斯主义者提倡的独立完整自给自足的贸易思想。历史学家格哈德·温伯（Gerhard Weinberg）在他的论文《希特勒眼中的世界》（The World through Hitler's Eyes）中这样写道："贸易的中断为希特勒的扩张借口——'获得生存空间'，提供了有力的托辞。希特勒知道德国需要外国制造的商品，但是他的解

决方法是把国际变为国内，即将第三帝国的边境向外拓张，一直扩张
至大西洋沿岸，扩张至莫斯科，扩张至北冰洋，也扩张到黑海。"[7]

这是现代社会从国际贸易的角度而言最黑暗的时期——政策制
定者的头脑中第一次充溢保护主义和一些比这还糟的理念。然而，
值得庆幸的是，黎明正在路上。

第三幕：第二次世界大战后的解绑

二战后的贸易自由化要追溯至二战之前。由于美国国会对在20
世纪20年代末由其引发的全球贸易保护主义感到后悔，美国在1934
年通过了《对等贸易协定法案》。美国由此从单边关税设定者转变为
对等关税削减者。为了避免各国的关税系统乱成一碗"意大利面"，
这一法案提出了"最惠国"的概念——贸易专家一般将这一原则简称
为MFN。"最惠国"原则指的是通过双边协定商议形成的关税削减
需要自动适用于所有其他贸易伙伴国。这一原则后来成为二战后全
球贸易治理体系的基石。

图2.6展示了此时的贸易自由化进程。从20世纪30年代中期
到二战结束，美国和世界的关税水平均有所回落。这一点常被有关
全球化的研究所忽视。这些研究往往从1945年起开始介绍贸易自
由化。

尽管关税削减在第二幕中已经显现，国际贸易治理体系要一直
等到战争结束才得以建立。这是一个里程碑式的创新。全球第一次
通过法律来治理全球贸易体系，而再不像过去一样诉诸强权和武力。

关贸总协定建起国际贸易治理的框架

在第一幕结束的时候，国际贸易体系基本上没有任何制度性的

支持。事实上,那也算不上一个真正意义上的"体系",而差不多仅仅是"不列颠治世"的附带结果。从某种意义上说,英格兰银行管理着国际金融体系(当时使用金本位),就像现在的国际货币基金组织一样。当时的英国海军扮演着今天联合国、国际法庭和世界贸易组织等的角色,而每一个这样的角色又都有一点英国的特色而已。

第三幕就大不相同了。当二战的胜方越来越没有悬念的时候——同盟国,尤其是美国和英国,就开始着手设计战后的国际体系。他们的目标是避免产生像一战以后出现的那样的全球治理真空。其中的一个关键就是关税及贸易总协定——也就是后来广为人知的GATT,简称关贸总协定。

关贸总协定的使命是促进生活水平的提高,推进可持续发展。它的成员经济体为此达成一些为实现这一目标而制定的基本"规则",并承诺对等协商和互惠关税削减。

关贸总协定的规则非常复杂,但由于它们对现代全球化的培育发挥了极其关键的作用,我们这里还是有必要介绍一下关贸总协定最重要的特点。我们把它的特点总结为一个基本原则和五个具体原则。关贸总协定/WTO(关贸总协定在1995年演变为WTO)的基本原则,也可以称之为基本宪章,是世界贸易体系是一个法治体系,而非具体数额的分配体系。这就是为什么关贸总协定和WTO注重设计、执行、更新和保障设定的程序、规则和指导方针,而并不关注预先商定数量并配给各国,比如要达成多少出口增长或分配多少市场份额等。

关贸总协定的第一条具体原则是:无歧视。这一原则有两层含义。第一是两国之间无歧视,也就是之前提到的最惠国的原则,是指适用于一个国家的关税将适用于所有国家。当然为了让关贸总协定/WTO在实践中能够推行,这一规则又允许特例,尤其是允许一些自由贸易协定的签约方可以拥有相比第三国更优的待遇。第二层含义是一国之内无歧视，用关贸总协定的语言来说就是"国民待遇原则"。这里国民待遇指的是进口的商品和本国生产的产品应当适用同样的国内税收、规则和管制政策。

关贸总协定的第二条基本原则是：透明。这意味着一国的贸易限制政策必须形成书面文件并公之于众，不能暗箱操作。关贸总协定的第三条基本原则是：对等。这条原则既有好处又有坏处。其积极的方面在于在关贸总协定体系下一个国家进行的关税削减将获得其他国家的对等回报。不过，在这一点上关贸总协定给发展中国家留了一个口子，即发展中国家可以不做对等关税削减。这一原则的消极方面在于，如果有国家不遵守贸易协定，这一原则允许其他国家对这些国家进行反击。

关贸总协定的第四条基本原则是"灵活"。关贸总协定的设立者非常清楚成员经济体有时会受到一些难以抵抗的压力需要设置一定的贸易障碍，因此他们设定了一些"安全阈值"，达到这些阈值时成员经济体可以设立新的关税。关贸总协定的最后一条原则为：共识决策。关贸总协定／WTO 的大部分决策都需要获得所有成员经济体的同意才能作出。

关贸总协定何以能够成功

关贸总协定非常有效地推进了全球（至少发达国家的）关税削减。在我们继续介绍历史之前，有必要介绍一下关贸总协定取得成功的两大政治经济学机制。第一个机制——或可称为"巨无霸效应"——在于关贸总协定的制度安排将一国之内的关税削减通过制度安排使之成为一个可以自我持续的良性循环。这一机制的关键因素就是关贸总协定的对等原则。

　　为了理解这一点,首先看一下一国之内谁喜欢关税,而谁又厌恶关税。与进口品竞争的国内企业希望设置高关税,以此限制进口并提高本地价格,从而提升它们的利润(或者至少最小化它们的损失)。相反,出口企业不喜欢外国市场的高关税,因为外国的高关税会降低它们的出口和由此获得的利润。

　　然而国内的关税与出口市场的关税并没有关系,毕竟每个国家都能够自主决定自己的关税。但是在关贸总协定/WTO的谈判中,由于对等原则,本国的关税与出口市场的关税被挂起钩来。只有本国关税降低,出口市场的关税才会随之降低。这样就在一个国家内部引致了政治角力。那些原本并不关心本国关税的出口商发现,他们只有打败那些受进口冲击企业的主张从而降低本国的关税,才能在出口市场上获得更低的关税。

　　从政治的角度,这一"巨无霸效应"机制的关键在于,对等原则为每个国家的政府提供了可以用来制衡倾向贸易保护集团的力量:支持自由贸易的集团。在对等谈判之前,政府大多听取支持贸易保护集团的意见。在对等谈判中,政府也会吸收支持自由贸易集团(出口商)的意见。因此,关贸总协定/WTO对等关税削减的谈判重组了各国内部的政治力量,使整体社会倾向于降低国内关税。

　　需要注意的是,原则上,消费者的利益本应也纳入政治考虑中来。但是,由于消费者很少能够参与关税决策的过程,因此在大多数国家,消费者对关税选择的意见完全被忽略了。

　　每一轮回合谈判的关税削减都会引发滚雪球效应。本国关税的降低带来更多进口,受进口冲击的行业规模就会减小。同时,出口市场关税的削减会提升本国的产出,增加就业并提高出口商利润。经济基础进一步改变政治影响,出口商的利益会被更加重视,受进口冲击的行业的影响相应缩小,在下一轮政治博弈中,削减关税就会得到更广泛的支持。

总之,关贸总协定的对等关税削减机制会改变一国内部的政治经济版图,促进贸易自由化。"巨无霸效应"非常适合描述这个过程。首先由关贸总协定开始滚动关税削减的雪球。一旦开始,这个雪球便会创造政治经济动量,并不断累积能量,直到成为巨无霸并粉碎所有阻碍它进一步滚动的障碍。[8]

关贸总协定成功的第二个政治经济学机制是,尽管关贸总协定原则上需要所有的国家都达成共识,但它仍然能够主要依靠少数发达国家之力推进自由化发展。之所以能实现这一点,关键是对等原则的一个巨大漏洞:它允许发展中国家不进行对等关税减免就享受发达国家的关税优惠。由于最惠国待遇原则,发达国家的关税减免自然适用于来自发展中国家的进口,而这些国家又并没有对等减免它们的关税。

这一漏洞就让发展中国家在关税减免谈判中搭了"顺风车",而这又是一种非常特殊的"顺风车"。由于最惠国待遇原则,发展中国家希望该回合的谈判能够最终取得成功,这样它们就可以从发达国家的关税减免中获益。

因此,这种机制不是去解决"共识"原则带来的谈判阻力,而是把发展中国家放在一个"不承担责任就不要反对"的位置上。实际上,

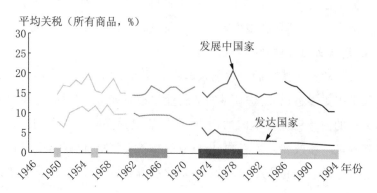

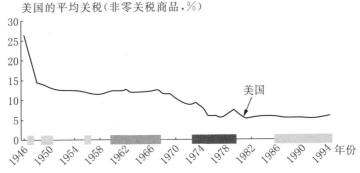

图 2.7 发达国家和发展中国家的平均关税（1950—1994 年）

关贸总协定的英文简写 GATT 中的第一个"T"代表关税。关贸总协定的一个重要贡献是把二战后很高的关税降下来,这个关税削减过程一直持续到 20 世纪 90 年代初。每次关税的削减都由被称为"回合"的多边谈判决定(这些回合谈判的相应年份由图中横轴的粗线显示。各个粗线分别代表的回合谈判名称见表 2.4)。如上图所示,发展中国家的关税水平初始就比较高,各轮回合谈判也没有被降下来。因此,在全球化的第三阶段,发展中国家始终保持着较高的关税。

发达国家的关税削减主要有三个阶段。第一阶段是 1947 年关贸总协定成立初期,这一阶段的关税下降显著(见下图,只不过图中只显示美国的数据)。接下来的两个阶段是肯尼迪回合谈判(1963—1967 年)和东京回合谈判(1973—1979 年)之后。

注:图中对"发达国家"包括欧盟国家以及瑞士、挪威、日本和澳大利亚。"发展中国家"包括阿根廷、巴西、中国、埃及、印度尼西亚、印度、肯尼亚、韩国、墨西哥、马来西亚、尼日利亚、巴基斯坦、菲律宾、泰国和土耳其。平均关税由关税收入的美元价值除以进口商品的美元价值得到。下图中的美国平均关税在计算时分母中拿掉了免税进口商品的价值(比如很多原材料)。由此计算的关税水平可以更好地展示未来关税进一步削减的空间。

资料来源:上图:Clemens and Williamson,"Why Did the Tariff-Growth Correlation Reverse after 1950?";下图:"U.S. Imports for Consumption, Duties Collected, and Ratio of Duties to Value, 1891—2014," Office of Analysis and Research Services, Office of Operations, U. S. International Trade Commission, http:\\dataweb. usitc.gov。

很多发展中国家根本就不参加关贸总协定的谈判。因为这个机制,发展中国家只有收益而没有损失,它们自然没有必要去参加谈判。另一方面,由于发展中国家也不需要在谈判中承诺任何的关税削减,那么对于发达国家关税削减的力度它们自然也无从置喙。

理解了其中的政治经济逻辑,接下来我们看看关贸总协定的现实结果。图 2.7 显示了部分发达国家和发展中国家从 1950 年到 1994 年的年平均关税水平（上图）。虽然 1950 年之前的四年对于理解关贸总协定的关税削减很重要，但由于缺少各国系统的数据，因此，我们只能在图 2.7 的下图中展示美国在这几年的数据。这差不多可以代表这一时期发达国家的状况。

关贸总协定成立伊始，全球主要国家就大幅地削减关税。这是一次多边贸易自由化过程，也是美国自 1934 年来所作努力的延伸。关贸总协定第一个回合谈判发生在 1947 年，这次谈判的结果是关税的又一次大幅下降（表 2.4）。接下来的四个回合谈判都没能怎样削减关税，只是设定了一些新的规则，并就德国和日本加入 WTO 进行了艰难的谈判（德国在 1951 年加入，日本在 1955 年加入）。

在"肯尼迪回合谈判"时期（1963—1967 年）关贸总协定开始重新关注关税削减。如图 2.7 所示，在此期间，发达国家大幅削减关税，这一过程持续了五到十年。由于"不承担责任就不要反对"机制的存在，在此期间发展中国家的关税没能得到削减。

"巨无霸效应"的又一次施展发生在 1973 年，即所谓的"东京回合谈判"期间。这一个回合谈判除了关税削减（表 2.4 所示），还解决了很多重要的非关税贸易壁垒，如补贴、管制以及政府采购等。跟以前一样，发展中国家在这一轮回合谈判中也搭了"顺风车"。实际上，发展中国家在关贸总协定期间基本上想干什么就干什么，这些国家的关税甚至在 1973—1979 年经济危机期间有所提高。

几年之内，"巨无霸效应"为更多的关税削减打好了基础。大多数国家中反对贸易自由化的力量变得越来越弱，提倡贸易自由化的力量则越来越强。因此，更进一步的贸易开放成为很多国家的最优选择。这里的贸易开放包括多边贸易开放，也包括区域内贸易开放。在这个背景下，关贸总协定在 1986 年开始乌拉圭回合谈判。同年，

表 2.4　关贸总协定各回合谈判的关税削减以及成员国数量（1947—1994 年）

回合名称	开始时间	关税削减（%）	成员数量	成员中发展中国家数量
日内瓦第一回合	1947	26	19	7
安纳西回合	1949	3	20	8
托奎回合	1950	4	33	13
日内瓦第二回合	1955	3	35	14
狄龙回合	1960	4	40	19
肯尼迪回合	1963	37	74	44
东京回合	1973	33	84	51
乌拉圭回合	1986	38	125	88

　　关贸总协定在其成立之初十分频繁地进行多边谈判（即各"回合"谈判）——13 年内举办了 5 次。除了第一个回合谈判（日内瓦第一回合），其余的回合大多关注制定新的规则和讨论新成员的加入。肯尼迪回合之后，谈判重点转回关税削减，并开始讨论越来越复杂的非关税贸易壁垒——比如技术标准、投资规则、政府采购，等等。

　　关贸总协定成功地降低了日本、欧洲和北美的关税，但是发展中国家却被允许保持了很高的关税。发展中国家的这一特权来源于关贸总协定的"特殊和差别待遇"条款。这一条款旨在通过关税高墙支持发展中国家实现工业化（就像在二战前很多发达国家所做的那样）。

　　作为乌拉圭回合谈判协议的一部分，关贸总协定在 1955 年转变成为 WTO。这一转变除了名字的变化，还在整个系统中建立起争端解决机制，并为国际投资、规制、知识产权和服务等多个方面制定了基本原则规范。

　　资料来源：Will Martin and Patrick Messerlin, "Why Is It So Difficult? Trade Liberalization Under the Doha Agenda," *Oxford Review of Economic Policy*, 23, no.3 (2007)：347—366。

关贸总协定中的一些主要国家开始讨论区域性的贸易协定。

　　三个区域性的贸易协定在 1986 年被提上日程。美国和加拿大开始谈判两国的自由贸易协定，这一协定最终在 1989 年完成（这就是后来的北美自由贸易协定，简称 NAFTA）。欧洲在 1986 年深化和扩大了欧洲自由贸易俱乐部，这个俱乐部当时被称作欧洲联盟（EU）。联盟吸收西班牙和葡萄牙成为新成员，并在"统一市场计划"下着手消除更多经济贸易壁垒。

　　乌拉圭回合谈判从 1986 年开始直到 1994 年。这个阶段中出现了一个新的现象，那就是发展中国家也开始大幅削减关税（如图2.7所示）。值得注意的是，此时的发展中国家贸易自由化和关贸总协定并没有关系，因为这个时候"不承担责任就不要反对"的原则仍然适用。实际上，发展中国家的关税削减主要是由于这些国家对贸易自由化态度的转变。这种转变正是全球化第四阶段的主要特点，即发展中国家开始努力吸引海外公司进行离岸生产，并由此提升这些国家的就业（我们将在第3章中更详细地讨论这一点）。

乌拉圭回合谈判于1994年结束。该回合谈判的最终协议规定，关贸总协定改为WTO，并在WTO的框架下建设起裁判和终裁框架。WTO的建立具有极高的历史意义，然而其对国际贸易增长的影响却可能还不如第三幕中另一事件的影响更大。这一事件就是国际航运费用的持续下降。

集装箱化降低航运成本

船、火车和卡车等技术进步降低了商品运输的成本。但这些技术却没能解决装货和卸货这一老大难问题。始于20世纪60年代的"集装箱化"开始在这方面带来突破，并在此后的二三十年内以指数的速度迅猛发展。

集装箱发明之前，船只装卸货都依靠人工。因此，进口的商品可能会在港口滞留好几周。对国际生产网络的运营来说，更糟糕的是商品在港口滞留的实际时间还不确定，这种不确定性使得运输完全无法提前计划。

集装箱化就是把大多数的商品放置在标准大小的铁箱子中。这是航运业的一场革命。马克·莱文森（Marc Levinson）在他2006年的著作《集装箱》（*The Box*）一书中认为，这场革命影响深远。一方面，集装箱使航运更加便宜可靠。装箱过程通常由运出公司负责，而卸货过程则主要由消费者负责。由于这些机构知道"箱子"里装的是什么，又知道应该怎么处理这些商品，因此由他们来装卸商品就比原来又快又便宜。另一方面，现在箱子的装船卸船都可以用大型起重机完成，装卸船的过程变得更快、更便宜、更可预测。集装箱的出现大幅地，减少了运输过程中需要的人工，工会的影响因此减弱，这就避免更多之前由于罢工造成的耽延。[9]

更进一步地，由于箱子的标准化，世界各地的港口和车站都可以集中力量优化起重机和其他机器，以利更好地处理这些箱子。运输网络因此更加容易"将散布的点连接起来"。比如，一个装满高科技零部件的集装箱可以先用卡车从加利福尼亚州的工厂运到洛杉矶的港口，装上船只，再由船只将其运输到等待在名古屋港口的卡车或者火车上，并最终送到消费者的手中——所有过程根本不需要人工搬运这些箱子。

集装箱化由此带来商品运输成本奇迹般的下降。经济学家估计了集装箱化对贸易的影响，他们发现这些影响远高于图 2.7 中所有关税削减带来的影响。

专栏 2.1　全球化第三阶段概要

如果我们把全球化第二阶段看成是基础的建设，那么第三阶段就是在这个基础上建起房子。现在，人类社会终于进入了"现代世界"。

在人类社会演进的大部分时间里，人们往往只能够消费步行范围之内生产的产品。从第三阶段开始，距离对人类需求的支配地位被推翻，这一胜利的关键是蒸汽机的发明。

蒸汽革命，就像它之前的农业革命一样，带来了"全球化阶段的转换"。蒸汽革命最终带来了现代意义上的全球化（或者更准确地说,蒸汽革命带来了旧全球化时代,或者第一次解绑)。蒸汽在19世纪取代了风能和畜力,之后又被内燃机和电动机所取代。这一切连环更迭的开端就是蒸汽动力的发明和使用。

这些运输技术的突破使得人们消费远距离生产的产品在经济上变得可行。这一阶段的全球化意味着消费和生产在地理上终于得以分离。

人类对洲与洲之间距离的克服开启了贸易、集聚和创新之门。这些发展共同颠覆了过去的世界经济秩序。亚洲由世界的核心成为边缘,而北大西洋则由边缘发展成世界的核心。这构成人类历史上最富有戏剧性的财富转移。

这场戏剧共分三幕。第一次世界大战之前全球化略有进展,两次世界大战期间全球化有所后退,而在第二次世界大战后,全球化又开始以前所未有的速度推进。

主要结果

第一次解绑产生一些重要的影响:

- 大西洋经济体和日本(即"北方国家")实现了工业化,而亚洲和中东的文明古国(即"南方国家")则未能实现工业化,特别是印度和中国。
- 世界各国都有经济增长,但北方国家的经济增长发生得更快、更早。
- 南北国家间收入水平大分流。
- 国际贸易繁荣发展。
- 城市化进程加快,特别是北方国家。

这些巨变的根本原因是专业生产知识在南北国家间的不均衡分配。发达国家的创新限制在发达国家范围之内,这些国家的工资和生活标准因此远远超出发展中国家。第 3 章中，我们将介绍全球化的第四个阶段。在这个阶段，信息技术打开南北国家间的闸门，专业生产知识从发达国家开始流向发展中国家，这些知识的全球分布也就变得相对平均起来。

注释

1. Kevin H.O'Rourke and Jeffrey G.Williamson，"When Did Globalization Begin?" *European Review of Economic History* 6，no.1(2002):23—50.

2. Paul Bairoch and Susan Burke，"European Trade Policy，1815—1914，" in *The Cambridge Economic History of Europe*，vol.8，*The Industrial Economies*，ed. Peter Mathias and Sidney Pollard(Cambridge：Cambridge University Press，1989），1—160. See also Bairoch，*Economics and World History* (London：Harvester Wheatsheaf，1993）；and Bairoch and Richard Kozul-Wright，"Globalization Myths：Some Historical Reflections on Integration，Industrialization，and Growth in the World Economy，" Discussion Paper 113，United Nations Conference on Trade and Development，Geneva，1996.

3. 引自俾斯麦于 1879 年发表的关于支持贸易保护主义相关法律的演讲，参见 William Harbutt Dawson，*Protection in Germany：A History of German Fiscal Policy during the Nineteenth Century* (London：P. S. King & Son，1904）。

4. Simon Kuznets，*Economic Growth and Structure：Selected Essays* (London：Heinemann Educational Books，1965）.

5. Lant Pritchett，"Divergence，Big Time，" *Journal of Economic Perspectives* 11，no.3，(1997):3—17；Kenneth Pomeranz，*The Great Divergence：China，Europe，and the Making of the Modern World Economy* (Princeton，NJ：Princeton University Press，2000）.

6. Charles P.Kindleberger，"Commercial Policy between the Wars，" in *Cambridge Economic History of Europe*，ed. Mathias and Pollard，161—196.

7. Gerhard Weinberg，"The World through Hitler's Eyes"(1989)，in *Germany，Hitler，and World War II：Essays in Modern German and World History* (Cambridge：Cambridge University Press，1995），30—53.

8. "巨无霸效应"这一概念的提出参见作者的书,*Towards an Integrated Europe*, London: CEPR Press, 1994。随后的概念拓展参见 Frédéric Robert-Nicoud in Baldwin and Robert-Nicoud, *A Simple Model of the Juggernaut Effect of Trade Liberalisation*, CEP Discussion Paper 845, Centre for Economic Performance, London School of Economics and Political Science, London, UK, 2008。

9. Marc Levinson, *The Box: How the Shipping Container Made the World Smaller and the World Economy Bigger*(Princeton, NJ: Princeton University Press, 2006).也见 Daniel M.Bernhofen, Zouheir El-Sahli, and Richard Kneller, "Estimating the Effects of the Container Revolution on World Trade," *Journal of International Economics* 98(2016): 36—50。

3 信息与通信技术革命和 全球化的第二次解绑

新全球化是一个全新的、伟大的事件,它与我们父辈时代的全球化截然不同,它是甲之蜜糖而乙之砒霜类的存在,正在从一些全新的角度改变人们的生活。对于小镇圣地亚哥克雷塔罗来说(这是一个位于墨西哥中北部的小镇,建立于殖民时代),新全球化简直是上帝奇迹般的恩赐。

作为吸引离岸生产的"磁石",圣地亚哥克雷塔罗及其周边地区吸引了从数据中心到飞机制造等大量的商业生产活动。在 2006 年,这里只有两家航天航空企业,共雇用了大约 700 名工人。8 年之后,根据保尔·格兰特(Paul Gallant)刊登在《加拿大商业》(*Canadian Business*)的文章,这里已有 33 家航天航空企业,提供了超过 5 000 个工作岗位。[1]

在格兰特 2014 年发表的这篇文章中,文章的题目"庞巴迪公司的试验如何引发墨西哥经济革命"恰如其分地揭示了加拿大的庞巴迪公司(Bombardier)在这个经济革命过程中起到的关键作用。这个公司开始的时候只是单纯地将与技术没有太大关系的劳动密集型生产工序迁移到克雷塔罗。一些简单的装配环节,如飞机线束的装配等,在克雷塔罗小镇完成后,装配好的组件被运回魁北克进行组装。随着线束装配这一工序被引进克雷塔罗地区,随后一些复杂的工序也被逐渐引进。现在,庞巴迪在克雷塔罗分部就从事着商用喷气机尾翼的制造工作。

庞巴迪娱乐休闲产品公司(BRP)是一家能够生产诸如西度

(Sea-Doo)等水上器械的企业。近年来，这家公司将生产合成船体的大型设备引入了克雷塔罗。将如此创新性的生产工序转移到墨西哥的做法十分不同寻常。格兰特引用庞巴迪娱乐休闲公司在克雷塔罗地区的负责人托马斯·维也纳（Thomas Wieners）的话来解释他们的做法："通常情况下，企业一般只会向这里转移那些自己会做，但转移后可以减少劳动力需求的生产程序。我们的做法不同，我们在这里找到一个非常优越的人才库。"

克雷塔罗之所以取得如此重大的成就，很大程度上可以归因于庞巴迪从加拿大向墨西哥的知识转移。但这并不是一个非常简单的过程。正如格兰特指出的，"庞巴迪的问题在于如何将知识由说法语的、熟知这些专业技能的老手们传授给说西班牙语的、基本不懂如何操作的新手们。"庞巴迪公司为了克服语言等障碍，发明了一套图文系统以使不懂法语的墨西哥操作工也能够较容易地掌握生产技能。

这对于克雷塔罗那些"说西班牙语的新手"而言近乎神赐。然而这一过程对于魁北克的"老手们"来说却并不那么令人开心。庞巴迪现在雇用墨西哥的工程师来制造飞机的尾翼，这些工程师每天的薪水大约只有 60 美元，而如果在加拿大，工程师的薪水则需要每小时35 美元。

克雷塔罗的例子显示了新全球化的巨大影响。从全球的角度来说，不论如何夸张称赞新全球化的影响都不为过。这一点可以从这 1 000 多年间世界各国收入的变化进程得到体现（见图 3.1）。

本章从信息与通信技术（ICT）革命开始讲起。这一革命把我们从全球化的第三阶段（旧全球化或全球化的第一次解绑）带入全球化的第四阶段（新全球化或全球化的第二次解绑）。本章也将空运的发展和新全球化联系在了一起。空运和信息与通信技术一样，极大地降低了跨国管理复杂生产活动的成本。

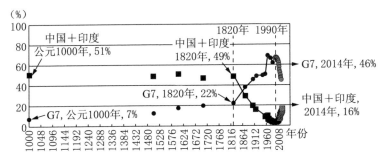

图 3.1 全球化的各个阶段转化：世界各国占全球 GDP 份额的变迁，公元 1000 年到 2014 年

　　工业革命之前，只有极少数人类文明的生活水平能够维持在基本存续水平之上。在这个时段各个国家的国民生产总值在全球所占的份额与这个国家的人口占全球人口的份额就极为相关。由于人口数量的绝对优势，印度和中国一直在经济上处于统治地位，直到 19 世纪早期。全球化第三阶段的开启标志着印度与中国占全球 GDP 份额的下降，这一过程持续了约 170 年的时间，如图所示。

　　这一过程终于在 1990 年新全球化开始之后调整了方向。从那以后，亚洲的两大巨人在全球 GDP 中所占的份额有了快速的增长。它们增长的速度远快于前一个世纪前它们堕落的速度。当然，现在发展中国家的比重还远远不能跟当年相比，那时它们占了差不多全球百分之五十的份额。但是，现在发展中国家在全球产出中所占份额的增长趋势非常稳定。这就是我们所称的"大合流"。

　　本章也将介绍新全球化与旧全球化影响的不同之处。由于全球化的第四阶段对我们而言并不遥远，故而关于这一阶段影响的讨论将围绕经济活动、贸易、贫困等不同的方面展开，而不再采用历史叙述的方式。本章的最后归纳总结新全球化的四个主要特征。

突破：信息与通信技术革命

　　革命是一个经常被人们误用的词语。但说到信息与通信技术的发展路程时，革命这个词可以说恰如其分。50 岁以上的读者无需提示便可以理解信息与通信技术的进步所带来的革命性影响。这些读者是在这样的世界里长大的：会议邀请要用航空邮政寄送，国际电话每分钟要花五美元，连夜的急件则可能要花 50 美元甚至更多。传真相对快点，但其质量却让人难以恭维。

即使是年轻的读者也可能体验过很多变化。对于这部分读者来说，电子邮件是一种古老笨拙的技术，只有在很特殊的情况下他们才会使用电子邮件进行交流。与此形成对比的是脸书（Facebook，始于 2004 年）、推特（Twitter，始于 2006 年）、色拉布（Snapchat，始于 2011 年）。这些应用能够更好地进行即时通信，并能很方便地分类管理联系人。

我们也可以通过一些数字来理解这场革命。1986 年至 2007 年间，世界信息存储容量每年以 23％的速度增长，电信通信以 28％的速度增长，计算能力以每年 58％的速度增长。这样的增长速度不用十年就可以产生革命性的影响。举个例子，1986 年整年通过电信通信传播的信息，在 1996 年仅需两千分之一秒就可以完成。2006 年至 2007 年间仅信息容量的增长就远超 1990 年至 2000 年间信息传送的总量（更准确一些，2006 年至 2007 年间的增量比 1990 年至 2000 年间的总量大 1.06×10^{36} 倍）。

计算能力的增长速度更为惊人。如果你想用 Excel 软件来展示 12 年来的计算能力增长，你会发现 Excel 根本处理不了。这是因为 Excel 软件根本处理不了这么大的数字，即使是用科学记数法。收集、处理和传送信息的能力增长带来了巨大的变化。为了描述这些变化，人们很快就会觉得词穷，但创新的、变革的、颠覆的，这几个词总是适用的。

信息与通信技术革命的规律

信息与通信技术（ICT）革命由三个相互联系的字母部分组成：字母 I 代表信息（information），主要包括信息处理和数据存储；字母

C代表通信（communication），主要涉及信息传输；代表技术（technology）的字母 T 更确切地可能应该换成 R（reorganization），这是因为新的组织方式会放大信息和通信技术带来的经济影响。

信息技术（I）发展的规律被称为摩尔定律，由高登·摩尔（Gordon Moore）首次提出。这条定律指出运算能力应呈指数增长。例如，电脑芯片的性能每 18 个月就会翻倍。技术进步（T）的发展规律包含两个定律：吉尔德定律和梅特卡夫定律。乔治·吉尔德（George Gilder）注意到：带宽增长的速度要比运算能力的增长快三倍——即每六个月就会翻倍。信息传输速度的发展有利于放松数据运算和存储能力带来的限制。数据传输、处理、存储的进步相辅相成。这就是"云"及其各种相关应用存在的经济基础。

罗伯特·梅特卡夫（Robert Metcalfe）指出：一个局域网对于用户的效用和用户数量的平方成正比。当一个局域网的用户达到 10 万时，增加一个新的用户就可能创造出 10 万个新的连接关系。当有 20 万个用户时，增加一个新的用户将会创造 20 万个新的连接关系。换句话说，新的连接关系并不是直线式的增长。每个新的节点都影响着所有旧有节点的效用，所以，增长更会带来新的增长。

由于运算能力和远程通讯技术的发展，加上互联网的兴起，远程信息共享发生了根本的变革。互联网的应用最初是电子邮件，现在是网络平台，并还在不停地发展着。

正如奥黛丽·罗德（Audre Lorde）所言，革命从来不会单单只涉及一个事物。人们现在拥有了不费吹灰之力就能把想法通过光缆传送到世界上任何一个角落的能力，这就诱发了在工作实践、管理实践以及企业、顾客、供应商三者之间关系等方面的一系列变革。人们改进了工作方法和产品设计，生产变得更加模块化，远程合作也就变得更加容易。电信和网络的革命带来了信息管理的创新，复杂的远距离协调和合作变得更加简单、廉价、快捷又安全。电子邮件、可编辑文档(＊.xls、＊.doc,等等)还有很多基于网络的专业管理工具的出现大大增强了人们远程管理多线程任务的能力。

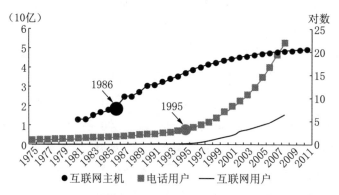

图 3.2　全球互联网主机和电话线路的增长(1975—2011 年)

　　信息与通信技术的核心是数字化,但我们很难找到这个产业在新全球化之前(1990 年左右)的数据。比如,在丹尼尔・科恩(Daniel Cohen)、彼得罗・加里波第(Pietro Garibaldi)和施蒂梵诺・斯卡皮塔(Stefano Scarpetta)所著的《信息与通信技术革命》(*The ICT Revolution*)一书中就没有提供任何 1990 年之前的系统性数据。

　　我们可以拿到的是互联网主机、互联网用户以及电话用户数量的数据。从这些数据来看,信息与通信技术革命大约发生在 1985 年至 1995 年间,只不过当时的增长更像是演进,而不像革命。

　　资料来源:国际电信协会(ITU)与世界银行数据;Daniel Cohen, Pietro Garibaldi and Stefano Scarpetta, *The ICT Revolution*(Oxford: Oxford University Press, 2004)。

　　蒸汽革命花了几十年的时间才改变了全球化,信息与通信技术革命则只用几年就做到了这一点。图 3.2 展示了一些信息与通信技术发展的指标,这些指标显示互联网主机数量大约在 1985 年左右有一个较快的上升,电话用户数量则在 1995 年左右有一个较快上升。

　　当然,在这个时间段内发生巨变的也不仅是信息与通信技术革命。同期,货物空运也有了长足的发展。空运的发展既促进了国际生产网络的发展,也受益于这一发展。

货物空运

二战之后,飞机的数量大幅增加。这就使得商业性的货物空运变得可行。直到 20 世纪 80 年代中期,随着联邦快递、敦豪快递(DHL)以及联合包裹服务公司(UPS)等的出现,货物空运才正式兴起。事实上,货物空运服务的发展正映射着全球价值链的发展。两者之间的关系显而易见。由于企业有了空运这种选择,中间品就能很容易在相距很远的工厂间流动,就像它们在国内的工厂间流动一样简单可靠。正像经济学家大卫·哈梅尔斯(David Hummels)和乔治·施瓦尔(Georg Schaur)在他们 2012 年的论文《时间:一种贸易壁垒》(Time As A Trade Barrier)中所指出的那样,在美国,约有40%的进口的零部件都是通过空运进口的。[2]

空运的优势并不在于它的成本。尽管空运已经比以前便宜了很多,但它仍比海运要贵出很多倍。空运的关键在于它的速度。举个例子,欧洲运出的货物如果使用海运,平均大约需要 20 天才能抵达美国的港口,更需要一个月才能运达日本。而如果使用空运,只要一天甚至更短的时间就够了。

时间的节省同时带来了货物流动的确定性,这一点至关重要。在一个国际生产网络中,如果某一个生产环节出了问题,离岸生产公司只需要几天甚至几个小时就能通过空运解决问题,而如果通过陆路或者海路运输的话却需要几周的时间。

了解了这些基本事实,了解了信息与通信技术革命的大概时间节点,再加上空运的发展过程,我们就能够更好地讨论这些变化所带来的影响。

第四阶段：全球化的第二次解绑

全球化的本质在第四个阶段发生了变化。无数的经济统计数据可以很好地说明这一点。根据我们全球化"三级约束"的视角，由北向南的制造业转移是这些巨变的真正起点。因此，我们有必要了解一下新全球化对制造业活动的区位分布产生了怎样的影响。

对制造业的影响

新全球化陡然逆转了南北国家间收入分布的趋势。旧全球化带来北方国家的工业化，却使南方国家去工业化。新全球化反转了这种趋势。在北方国家——这些国家在 20 年前被称为"工业化国家"——制造部门附加值占总产出的比重以及这些部门的工作岗位数量急速下降。与此同时，有六个发展中国家的制造业产出急速增长——这六个国家被称为新兴工业化六国（I6）——即中国、韩国、印度、印度尼西亚、泰国和波兰。

众所周知，一些发展中经济体其实早在 1990 年前就完成了工业化，比如被称为"新兴工业化经济体"的中国香港、中国台湾、新加坡和韩国。这些经济体在 1970 年至 1990 年间迅速完成了工业化。只不过真正大的转折要稍晚才发生：G7 国家的制造业份额在 1990 年之后开始加速下跌。从 1990 年到 2010 年，这些国家的制造业份额从三分之二跌落到一半以下（见"绪论"中图 2）。

图 3.3 展示了 G7 国家在全球制造业中所占的比重。尽管 G7 国家所占的份额整体在显著地下降，但在 G7 国家内部，特别是最大的三个制造业国家（上图），变化模式则比较多样。日本在两个"奇迹十年"间，制造业产出急速增长，总收入亦有所提升。这一过程造成了

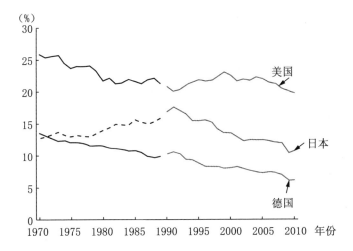

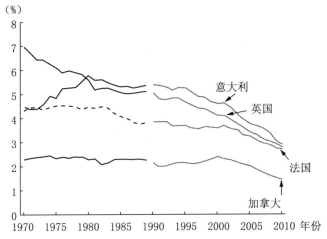

图 3.3 G7 国家占全球制造业的份额(1970—2010 年)

G7 国家中三个最大的制造业国家在过去几十年经历非常不同。日本在全球制造业中的比重直到 1990 年还在上升,1990 年以后就开始持续下降。在此期间日本增加的比重差不多刚好和美国减少的比重相抵;美国的制造业在经历了几年的恢复上升后,从 2000 年左右也开始进入稳定下降的过程。与这两个国家都非常不同,德国的制造业自 1970 年起就一直在下降。

其他的 G7 国家也都类似,这些国家的制造业比重都在稳定而快速地下降。它们中的大部分都在 1990 年或 2000 年之后开始经历很快的下降。

资料来源:UNSTAT.org 数据。

日本与美国之间的经济摩擦，因为此时日本的汽车、电子以及机械等制造业增长威胁到了美国在这些领域的统治地位；一直到大约1990年，日本比重的增长基本上映射了美国比重的下降。这种状态因第二次解绑而改变。自1990年起，日本也像别的G7国家一样，制造业份额开始持续下降。

有意思的是，在第四阶段的前十年间美国制造业的比重却有所增长——这可能是因为美国向墨西哥和加拿大进行离岸生产，从而制造业的竞争力得到提升。不过不管是什么原因，增长很快消失。美国最终也加入G7国家的大潮，自2000年左右开始了制造业比重的下降。跟美国不同，德国的制造业比重在40年间一直在稳步地下滑。

图3.3的下图显示四个相对比重较小的G7国家的去工业化进程（注意纵坐标比例的变化）。意大利的制造业份额自始至终一直在下降，并曾经历两次加速下滑。第一次加速下滑是在20世纪90年代，第二次则是在2000年左右。与此相反，英国直到20世纪80年代制造业份额都在增加，之后才开始下滑，到1990年以后这种下降的趋势变得比较明显。加拿大和法国也类似。它们在2000年之前一直在下降，但速度比较平缓。2000年后两国的制造业份额开始加速下滑。

图3.4显示I6占全球制造业份额的变化过程。这六个国家的份额分布并不均衡。中国——图3.4的上图（之所以把中国与其他国家分开是因为其变化规模实在太大）——明显地占据了龙头的位置。中国的增长速度让人瞠目结舌：在1970年制造业还毫无竞争力，在2010年却成为全球第二大制造业国家。

I6中，中国以外的其他国家的变化十分多样。一些国家，比如说韩国，在一开始就处于上升通道。而其他的国家，比如印度尼西亚和

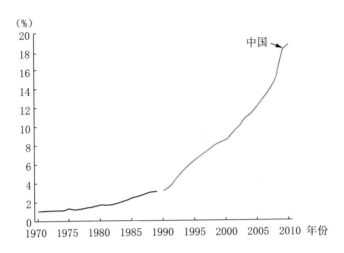

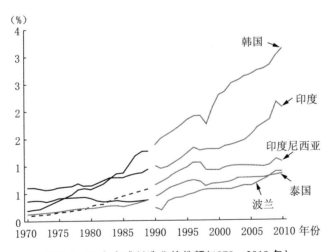

图 3.4　I6 占全球制造业的份额（1970—2010 年）

　　中国神奇的工业化进程定义了一个新的纪元。这一进程始于 1990 年,其推动力主要来自外国企业向中国转移工厂、就业和生产要素。在短短的 20 年里,中国分得了全球制造业蛋糕的六分之一,并且在这期间这块蛋糕在不断地变大。

　　I6 中,中国之外的其他国家的变化相对而言更复杂一些。比如,波兰的制造业份额一直在增长,而泰国和印度尼西亚的制造业份额增速却在逐渐地放缓。

　　资料来源:UNSTAT.org 数据。

泰国,其增长始于 20 世纪 80 年代。波兰的增长更晚一些,开始于 1989 年柏林墙被推倒之后。印度的增长甚至还在韩国的增长开始之前,且一直保持稳定,只是在 1990 年左右有一些加速的迹象。

I6 的快速工业化带来经济的增长。由于近一半的人类都居住在这些国家,这种爆炸式的增长带来巨大的连锁反应。其中一个反应就是全球 GDP 在各国分布的惊人逆转。

对经济的影响:GDP 份额的转移

图 3.1 展示了 G7 国家占全球 GDP 的份额是如何从 1990 年的三分之二降到如今的不到一半的。G7 国家的份额损失必然对应于其他国家份额的上升。谁是 GDP 份额的赢家呢?

只有很少几个国家是 GDP 份额的赢家(图 3.5 上图)。在 1990—2010 年间,占全球 GDP 份额的增长超过 0.3 个百分点的国家只有 11 个。这 11 个国家(简称为"增长十一国"或"R11")包括中国、印度、巴西、印度尼西亚、尼日利亚、韩国、澳大利亚、墨西哥、委内瑞拉、波兰以及土耳其。这些国家一起收获了 G7 国家损失的 17 个百分点中的 14 个百分点。世界上剩下的有将近 200 个国家。这些国

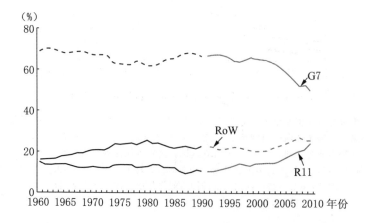

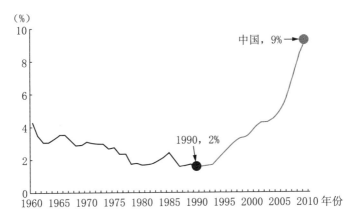

图 3.5　G7、R11 和中国：GDP 全球份额的再分配（1960—2010 年）

全球化第四阶段的影响具有很强的地域性。只有 11 个国家（R11）收获了 G7 国家损失的份额。这 11 个经济体可以被称为 R11。这些在 1990 年至 2010 年间占全球 GDP 的份额增长超过 0.3 个百分点的 11 个国家包括中国、印度、巴西、印度尼西亚、尼日利亚、韩国、澳大利亚、墨西哥、委内瑞拉、波兰以及土耳其。除这些国家以外，其他国家所占全球 GDP 的份额自 1990 年起就基本没有变化。

如本图下图所示，中国占全球 GDP 份额的下降一直持续到 1990 年。但从那以后，中国所占的份额开始迅速回升。事实上，此后中国份额的增长达到所有 R11 份额增长量的一半。

资料来源：数据由作者根据世界银行数据库（GDP 以美元为单位）计算得出。由于图中的份额衡量的是经济体的规模而非个体的福利，因此图中使用的数据并没有用当地非贸易品的价格水平进行调整。

家加在一起只占据了剩余的 3 个百分点。

在 R11 内部，GDP 增长份额的变化也很不均衡。中国独自占据了 7 个百分点，如图 3.5 的下图所示。另外两个获得份额次多的国家是印度和巴西。三者加在一起增加的份额达到了 10 个百分点。

制造业赢家与 GDP 赢家

制造业赢家（I6）和 GDP 赢家（R11）有很大程度上的重叠。事实上，I6 中除了泰国都属于 R11。由于工业化与经济发展之间长期存在的相关性，这种重叠一点也不令人惊讶。这里真正的问题是，R11

里,不属于 I6 的国家是如何取得超过全球平均增长速度的呢? 对这些国家——包括巴西、印度尼西亚、尼日利亚、澳大利亚、墨西哥、委内瑞拉以及土耳其——"初级产品"的价格提升给我们提供了一个可能的解释。

这一点可以用 OECD 新建立的一个贸易数据库做出说明,如图 3.6。看明白这张图稍微需要一点专业背景知识,图中的数字代表各个国家在各个粗分经济部门中出口的增长比例。这里的部门包括初级产品、制造业和服务业。举例而言,中国的出口增长有大约 90% 来自制造业(如图 3.6 上图最顶端的横柱所示)。注意,图中的百分数不是用一般定义的出口值计算而来,而是用出口商品中该国的增加值计算而来。

一般的出口统计值与出口增加值数据有何不同? 我们可以形象地将一般出口值视作"总出口",而将增加值出口视作"净出口"。为了获得增加值出口数据,OECD 要从一般出口价值中刨去包含在出口产品中的进口中间品的价值。

使用增加值出口数据的好处在于我们可以很清楚地看到出口商品主要由哪个国家的哪个部门制造。对于严重依赖全球价值链的国

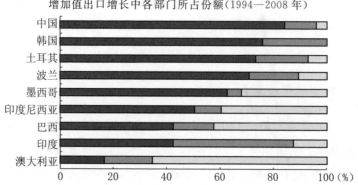

增加值出口增长中各部门所占份额(1994—2008 年)

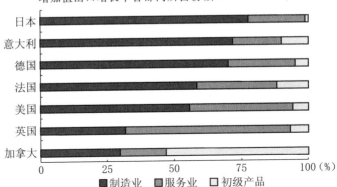

图 3.6 新兴市场增长来源：制造业出口与初级产品出口

　　R11 各自以不同的方式实现经济增长。一些国家依靠制造业，而另一些国家依靠初级产品，最后一个国家，印度，则依靠服务业。我们可以从图中找到相应的证据（注意正文中介绍了增加值出口和一般意义的出口值之间的差别）。

　　如图所示，中国、韩国、土耳其、波兰、墨西哥和印度尼西亚这些国家中超过一半的增加值出口来自制造业。与普遍的看法一致，中国这个比重非常之高——达到85％。因此，这些国家的出口增长显然来自快速的工业化——而这些国家的工业化又与全球化的第二次解绑分不开。

　　R11 中包含了一些主要依靠初级产品出口的国家。澳大利亚是其中十分典型的代表，其约 65％ 的增加值出口来自初级产品部门。当然，这些出口中一些来自相对较"硬"的初级产品（例如金属矿产），还有一些来自相对较"软"的初级产品（如酒、谷物、肉类以及其他类似产品）。巴西的发展一半源自初级产品出口，一半源自制造业出口。印度尼西亚与巴西类似（印度尼西亚是巨大的石油出口国家）。

　　印度则非常特殊。其出口增长主要来自服务业，而非制造业或初级产品。

　　资料来源：OECD"增加值贸易"在线数据库（即 TiVA），www.oecd.org。

家，比如中国，出口总值与净值差别巨大。苹果手机（iPhone）是一个很好的例子。

　　如果用一般的出口值衡量，中国在 2009 年出口了大约 20 亿美元的苹果手机到美国。但这 20 亿美元中的大部分增加值来自中国之外。剔除掉那些从外国进口的中间品和服务价值后，中国生产的苹果手机的增加值只有大概 2 亿美元。[3] 在这个例子中，20 亿美元是总出口值，而 2 亿美元则是出口的增加值。

如图 3.6 所示，R11 可以分成三类。图 3.6 中最上面的五个横柱显示 R11 中的五个成员（中国、韩国、波兰、土耳其和墨西哥）主要通过快速发展的制造业部门实现增长。第二类国家主要通过初级产品出口实现增长。澳大利亚是这些国家中最明显依靠初级产品的。它的增加值出口中超过 60％ 来自初级产品部门。委内瑞拉和尼日利亚很有可能也类似，只是我们没有这些国家的数据（TiVA 未能提供这些国家的数据）。

最后一类国家是印度。印度的增加值出口绝大部分来自服务业，制造业部门在其增加值出口中只占约 40％。这反映了一个为人熟知的事实，那就是印度在信息技术服务、呼叫中心以及类似领域具有巨大的优势。

我们很难把巴西和印度尼西亚简单归入上面列举的任意一类。这两个国家的增加值出口中约 40％ 是来自初级产品，而 40％ 或 50％ 来自制造部门。

作为比较，图 3.6 的下图展示了 G7 国家的数据。这些国家中，大部分增加值出口增长来自制造业，尽管它们的增加值出口增长极其微小。英国（主要依靠服务业）和加拿大（主要依靠初级产品）是这些国家中的例外。

对于贸易的影响

G7 国家在全球收入中所占份额急速下降的同时，南北国家间的国际贸易也发生了巨大的变化。更具体而言，技术发达国家与部分发展中国家之间的贸易性质发生了变化。它们之间的贸易开始变得更像北北贸易（即发达国家与发达国家之间的贸易），而北北贸易是二战以来全球贸易的主导。

发达国家之间的贸易本来就包含着大量的往返贸易——即同种

产品既有进口又有出口。举个例子来说,德国将机器出口到法国的同时也在从法国进口机器。尽管许多往返贸易是最终消费品的贸易(比如欧洲的菲亚特和雷诺),但绝大多数的往返贸易还是中间品的贸易。比如,加拿大和美国之间贸易的一个重要组成部分是汽车零部件的贸易。图 3.7 展示了一些贸易伙伴间往返贸易占全部贸易的份额("往返贸易"学术上往往称作"行业内贸易",或简写为 IIT)。

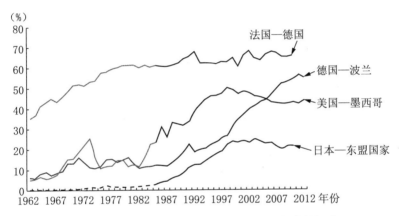

图 3.7　自 1985 年起,南北国家间的往返贸易发展迅速

一个国家同时出口和进口相同的产品看起来可能很奇怪,但其实这样的贸易在发达国家极其普遍。我们把这种贸易想象成同一产品的不同部件由分布在不同国家的工厂生产就很好理解了。举个例子,空客的飞机在法国装配,但部件却在欧洲各国生产。一些部件在法国生产后会出口到德国以进行更多的加工,之后又出口至法国并最终装配成消费品(飞机,比如 A320)。

20 世纪 80 年代末 90 年代初第二次解绑之前,往返贸易大都发生在发达国家之间。如图所示,在 20 世纪 70 年代,超过 70％的法德贸易属于往返贸易。新全球化(也就是全球化第二次解绑)的一个表现就是工厂的生产开始跨越南北界线,南北贸易变得与北北贸易越来越相似。

本图展示了德国、美国、日本和它们主要的发展中离岸生产伙伴之间的贸易关系,这些伙伴分别是波兰、墨西哥以及东盟(ASEAN)等国。图中贸易曲线的突然变化展示了新全球化对贸易模式的影响。如果我们看 G7 国家和快速工业化发展中国家之间贸易的话,也能发现类似的模式。为了清晰起见,图中没有展示这些贸易。

注:计算 IIT 指标时,行业定义在标准国际贸易分类三位码上。

资料来源:联合国商品贸易统计数据库,comtrade.un.org/db/。

图 3.7 体现的一个重要信息是,大概在 1985 年左右,发达国家与其周边的发展中国家间的往返贸易所占比重突然上升。这一点特别体现在 G7 国家中的三个制造业巨头——美国、日本和德国。这些国家在 1990 年时占据全球制造业的半壁江山。

还有一些其他的方法也可以用来度量往返贸易。用这些方法计算得到的往返贸易我们也能得到类似的结论。其中的一种度量方法由两名葡萄牙经济学家若奥·阿马多尔(João Amador)和索尼亚·卡布拉尔(Sónia Cabral)提出,它能够追溯更早以前的往返贸易。[4]根据他们的指标,非洲或拉丁美洲(墨西哥除外)这些国家的贸易数据并没有前述的南北贸易模式变化。[5]这可能说明,由信息与通信技术驱动的制造业革命基本绕开了南美洲和非洲。

阿马多尔—卡布拉尔(Amador-Cabral)指标也说明这种新的南北贸易模式主要集中在很少几个行业内。具体而言,在 20 世纪 90 年代,电器和电子行业最为重要。因此,离岸生产其实主要集中于少数几个制造行业。在服务业中,我们也基本能够看到这种情况,只不过没有制造业那么明显。在本书的第 10 章中,我们认为,科技的发展在未来可能可以使实体的存在被替代(比如虚拟技术)。在这种情况下,南北贸易模式可能会扩散至更多行业中,而不是像现在这样的集中。

对发展中国家政策的影响

第四阶段的全球化具有"革命性"。这不光体现为经济结果的革命性变化,也体现为国家政策倾向的革命性转变。事实上,全球化的第四阶段一开始就发生了一些相当奇怪的事情。比如 20 世纪 80 年代中期到 90 年代中期,全球很多发展中国家突然不再反对自由贸易与投资。他们开始移除坚持了几十年的商品流动、服务贸易和投资的壁垒。在发展中国家眼里,保护主义似乎一夜之间变得不再受欢迎了。

历史上,工业化和经济发展基本上都来源于政府的政策设计——除了发生在英国的第一次工业化。正如经济史学家罗伯特·艾伦(Robert Allen)在他的著作《全球经济史简介》(*Global Economic History:A Very Short Introduction*)中所述,英国之外的G7国家都采用了一套"标准政策"来追赶英国,包括(1)取消国内关税并进行基础设施建设以统一国内市场;(2)设置对外关税壁垒以阻隔来自英国产品的竞争;(3)鼓励银行支持产业投资并稳定货币供给;(4)普及教育以促进劳动力从农业流向工业部门。[6]

这套标准政策中的保护主义并不仅仅是由于极左人士的鼓吹。在当时,发展中国家的保护主义是主流思维。比如,在1958年,由最伟大的现代自由贸易者之一,格特伏莱德·哈伯勒(Gottfried Haberler)撰写的《哈伯勒报告》(Haberler Report)就建议关贸总协定支持发展中国家保持高关税以促进工业化。正是由于这样的学

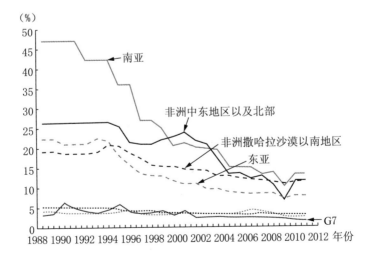

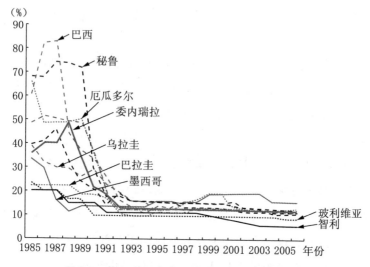

图 3.8　1985 年以来发展中国家的单边关税减免

20 世纪 40 年代至 80 年代，关贸总协定的各轮谈判把发达国家的平均关税降低至 5％或更低。但发展中国家并未参与这一多边关税减免进程。因此，直到 20 世纪 80 年代它们的关税都还很高。实际上，发展中国家在二战之后的大部分时间一直保持着五到十倍于发达国家的关税，如图中 G7 曲线所示。

大约从 1990 年开始，很多发展中国家开始降低关税。这跟关贸总协定或世贸组织的谈判无关，也与发展中国家间签订的区域性协议无关。它是发展中国家自动做出的选择。原因很简单，现在，发展中国家发现高关税并不能帮助其发展，反而只会起到阻碍的作用。

20 世纪 80 年代末到 90 年代早期（下图），拉丁美洲，特别是南美洲的关税就像瀑布一样一泻而下。官方的关税水平基本上降至 9％或 10％左右。并且，这些国家和很多贸易伙伴都签署了自由贸易协定（双边关税为零），因此，实际关税水平比这还要更低。

注：图中 G7 国家的关税水平实际上是美国、欧盟和日本的关税平均值。

资料来源：上图来自世界银行数据；下图来自泛美开发银行。

界支持，关贸总协定才在这一点上对发展中国家网开一面。

历史推进至全球化的第三阶段，大多数发展中国家挣脱殖民主义的枷锁而独立。这些国家一旦独立大都立刻实行了这套标准政策。这样的现象在全球化的第四阶段发生了变化：现在，发展中国家似乎不再欢迎保护主义了。

随着全球价值链革命的慢慢加速,许多发展中国家意识到贸易壁垒妨碍了它们从发达国家获得离岸生产的机会。发展中国家的这种理念改变最明显地体现在 1990 年开始的发展中国家大规模单边关税减免。

图 3.8 的上图显示的事实适用于很多地区。在某些地区,特别是非洲,关税的下降主要由于国际货币基金组织(IMF)贷款条件的压力。然而,有很多并没有这样压力的国家也显著地降低了关税。图 3.8 的下图显示,拉丁美洲国家关税的下降也非常显著。尽管这些国家直到现在的关税水平仍然保持在 10% 左右,但它们在 1990 年左右的关税削减确实十分可观。

为什么这么多发展中国家的政府都突然决定削减关税?为什么它们作出这一决定的时间大致相同?依照“三级约束”的观点,答案是显然的。在旧全球化阶段,高关税有利于工业化,而在新全球化阶段,关税则会阻碍工业化。

例如,如果某个发展中国家准备加入一个国际生产网络,通常情况下它会进口一部分中间品,对这部分中间品进行加工后再将制成品出口。对进口中间品加征的任何关税都会增加该进口国的生产成本,从而降低该国的竞争力。因此,该国对进口中间品征收的关税会使这个国家从一开始就被排除在国际生产网络之外。由于关税的目标在于创造工业部门的工作岗位,因此北南国家间离岸生产的发展就动摇了关税存在的基础。认识到这一点,许多发展中国家因此改变了它们的政策倾向——在北南离岸生产的时代,保护主义不利于发展工业化。

这种自由贸易倾向也扩散至关税之外的更多领域。

几十年来,发展中国家与外商直接投资(FDI)之间一直相爱相杀。发展中国家喜欢外商直接投资中的“外商”部分,因为这会带来外国先进技术。发展中国家也喜欢"投资"这个部分，因为这会提升这些国家的资本账户。然而它们会担心跨国公司干扰到自己国家的经济。几乎所有发展中国家的 FDI 监管政策基本都是根据这两方面的权衡来制定。很多时候监管政策会"仇视"外商直接投资。比如，墨西哥有大量的政策以限制美国收购墨西哥公司，或者限制美国企业在墨西哥设立与本国公司形成竞争的子公司。

发展中国家对外商直接投资的态度在 20 世纪 80 年代末发生了根本的转变。双边投资协定（BITs）等签订的情况可以反映这一点。多数情况下，双边投资协定主要是发达国家要求发展中国家在限制外商直接投资方面作出让步。这种让步主要体现为规范发展中国家政府对外国投资者的影响。这些条款往往会限制发展中国家的主权。

比如，大多数双边投资协定会限制发展中国家控制资本流动的能力，从而使外国公司可以自由投入或转出资本。这些协定也会允许外国投资者将争端上诉至国际仲裁机构而非发展中国家的法庭。这些条款就是所谓的投资者争端解决条款。这些条款在最近的跨太平洋伙伴关系协定（TPP）和跨大西洋贸易与投资伙伴协议（TTIP）中引起很大争议。这里的仲裁人一般是国际投资争端解决中心，它位于美国的华盛顿特区。

有意思的是，双边投资协定签署的时点以及这些协定数量的变化和发展中国家对自由贸易态度的转变完全重合。1985 年之前，几乎没有发展中国家认为这些协定带来的主权损失能够被经济发展获益所弥补。而在这之后，几乎所有发展中国家的态度似乎都有了转变。图 3.9 显示，双边投资协定的数量在 20 世纪 80 年代晚期与 90年代早期急速增长。

签署双边投资协定的国家数量从 1985 年也开始急速增长。在

1985 年,只有 86 个签署国;到了 2000 年,这个数字翻了一倍。这其中的大部分是发展中国家。这些发展中国家大都和每一个主要 FDI

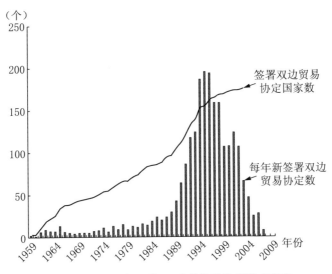

图 3.9 从 1990 年开始,双边投资协议爆炸式增长

在发展中国家单边减免关税的同时,这些国家也开始大量签署"双边投资协定"。表面上看,这些协定似乎只会有利于外国投资者,因为从根本上讲这种协议主要起到保护外国投资者的财产权益的作用。然而,发展中国家却不这么看,它们似乎认为这些协定会带来双赢。接受投资的国家——大多数是发展中国家——想要吸引全球化第二次解绑带来的离岸生产工厂和工作岗位。而 G7 国家的离岸生产企业又需要保证投资的安全。因为双边投资协定可以帮助保证投资的安全,G7 国家都很乐于签署这样的协定。

尽管自 20 世纪 50 年代起双边投资协定就已经开始出现,但直到 20 世纪 90 年代它们才像野火一样恣意发展起来。现在全球已经签署了 3 000 多个双边投资协定,涵盖了全球几乎所有的投资伙伴国。原则上,双边投资协定是双向的,但由于外国直接投资大多从 G7 国家流向发展中国家(或其他 G7 国家),因此双边投资协定鼓励更多的北南投资,而非南北投资或南南投资。

近年来,一些最初反对双边投资协定的国家——比如印度和中国——也开始渐渐意识到这些协定对它们国家的好处。印度和中国的企业开始投资于 G7 国家和一些发展中国家。本质上,这些国家越来越不像"工厂"经济体,而越来越像"总部"经济体。

资料来源:国际投资争端解决中心(ICSID)双边投资协定数据;图表来自 Baldwin and Lopez-Gonzales "Supply-Chain Trade: A Portrait of Global Pattern and Several Testable Hypotheses"(2013), Figure 3。

投资国(欧盟、美国和日本)签署了双边投资协定,因此新增的协定数量比新签署国的数量增加要快得多。随着主要投资伙伴间逐渐完成协议的签署,协议数量的增长速度也开始渐渐放缓。

20世纪90年代以后贸易协定中出现了一些新的条款。这些新的条款也能够反映出发展中国家用主权换取国际生产网络参与权的倾向。

贸易协定条款的变化大约发生在20世纪80年代晚期至90年代早期。在此之前,发展中国家签署的多数贸易协定都极为"肤浅",这些协定基本上只涉及关税。在此之后,发展中国家与发达国家签署的协定开始变得更加"深入"——特别是和美国、欧盟、日本等国签署的协定。这里的"深度"并非只是字面上的深度,它指的是协议的约定深入到各国的国界之内,规范该国原本属于国内事务的一些政策,这就远远超过了关税能涉及的范围。

譬如,双边投资协定中的一些条款指定发展中国家需要进行的一些改革,而不对发达国家的法律和实践做出特殊的要求。因此,这些条款基本上就是发展中国家的单方面承诺——承诺其会为发达国家投资提供一个友好环境。

这些新的条款具体涉及哪些内容?自2011年起,WTO收集了区域贸易协定内容的数据,并将所有的条款分成52个不同的类型。表3.1罗列了这些条款中与国际生产网络有关的一些条款。

表 3.1　深度贸易协定条款:WTO数据库中的例子

条款名称	条款描述
海关	提供相关信息;在网络上公布新的法律与规章;提供培训
国有贸易企业	独立竞争主体;在生产与市场条件方面无差别待遇;提供相关信息
国家补贴	评定是否破坏竞争环境;公布国家补贴的数额与对象;如被要求也需要提供补贴相关的具体信息

续表

条款名称	条款描述
公共部门采购	逐步向外国企业开放政府采购;国民待遇/无差别待遇;在网络上公开适用法律与规章
TRIMs	即"贸易相关投资措施":限制"本地成分要求"和"外商直接投资出口要求"等条款
GATS	即"服务贸易总协定":服务贸易自由化
TRIPs	即"贸易相关的知识产权":标准统一和谐化;实施与执行;国民待遇,知识产权的最惠国待遇
竞争政策	禁止反竞争行为;竞争相关法规的统一和谐化;保证市场主体是独立竞争的主体
国际产权	如果有国际协定能够提供比世贸组织还强的知识产权保护,允许市场主体获得这些保护
投资	信息交换;发展法律体系;管理程序的统一与简化;国民待遇;设立争端解决机制
资本流动	允许资本自由流动;禁止新增对资本流动的限制

注:当前 G7 国家和发展中国家如果签订区域性自由贸易协定的话,协定中一般都会包含这些条款。它们能够确保 G7 国家的企业更简便并安全地向协议伙伴国转移生产网络。贸易专家一般将这些条款称为"深度"区域贸易协定。这是因为这些条款会深入一国内部,规范该国原本属于国内事务的一些政策,比如监管与知识产权等。

资料来源:WTO 数据库。

这些条款中,有一些对于全球价值链的发展极为重要。这些条款包括:涉及资本自由流动的条款(资本注入与撤出),涉及服务的条款(确保企业能够获得国际水准的通信、运输、清关服务等),还有涉及知识产权保护的条款(保护 G7 国家企业离岸到发展中国家的技术)。

在以上的讨论中,我们主要关注了全球化对经济的影响。然而,新全球化还有一个更重要的影响——即其对全球最贫困人群的影响。

对贫困人口的影响

旧全球化有一个影响很令人不安,就是它可能会提升贫困率。国际常用的一个度量贫困的指标是日收入少于两美元的人数。这一指标适用于很多国家,也适用于比较长的历史时期。由于两美元在新加坡的购买力比在达喀尔要小很多,因此这一指标需要根据当地价格进行相应调整。

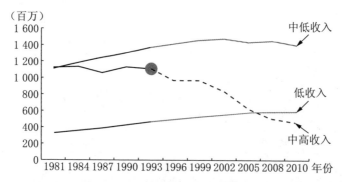

图 3.10   不同收入水平国家的贫困人口数(1980—2010 年)

本图展示三类国家(中低收入国家、中高收入国家以及低收入国家)的贫困人口数量。贫困标准采用世界银行认定的贫困线,即日收入 3.1 美元或以下。图中显示贫困人口数一直在稳定上升,不过中高收入国家的贫困人口数在 1990 年左右突然下降。在这些中高收入国家中,有很多是那些得益于离岸生产而快速工业化的国家,也有些是间接受益于离岸生产(即大量出口初级产品)的国家。

资料来源:经作者计算世界银行数据得出。

如图 3.10 所示,在 1980 年到 1993 年间(世界银行数据最早可到 1980 年),贫困线下的人口数增加了大概 3.7 亿。这一数字令人震惊。当然,这里贫困人口数的增加可能并不全是全球化的责任,全球化甚至不用负大部分的责任。在一些本身非常贫穷的国家,贫困人口数也在快速攀升。在这些贫穷国家中,很多国家往往采用一些糟糕的政策,这些政策会使经济更加贫困或者无法摆脱贫困。比如,牛津大学的经济学家保罗·科利尔（Paul Collier）指出："这些全球最底端的国家看似存在于 21 世纪，但他们的实际状况却更像生存于 14 世纪。在这些国家中充满着内战、瘟疫与愚昧。"[7]全球价值链革命的魔力没能影响到这些国家。有助于提升生产力的知识技术并没有能够从 G7 国家流向这些极度贫穷的国家。

尽管如此，图 3.10 还是展示了一个有趣的变化：即贫困人口上升的趋势似乎在旧全球化向新全球化转变的时刻也发生了改变。中高收入国家中的贫困率奇迹般开始下滑。这些国家中大约有 6.5 亿的人口摆脱了贫困：他们的收入终于超过了日均两美元的贫困线。

在这些中高收入国家中，有 R11 的大多数国家，特别是中国。R11 中的另外一个重要成员是印度，不过它属于中低收入国家。图 3.10 中中低收入国家的曲线自 1993 年开始下行，这代表这些国家的贫困率上涨速度放缓。这背后的原因实际上就是印度经济的增长。至于低收入国家，这些国家一直未能从离岸生产和全球价值链中获益。它们的贫困状况一直持续恶化。

专栏 3.1 全球化第四阶段概要

全球化的第四阶段中，全球化的性质发生了很多根本的变化。全球化的第一阶段主要是人类向全球的扩散。第二阶段的全球化与第一阶段完全不同。在这个阶段，农业革命使得人类得以在村庄和城市定居下来，并最终发展出文明。在这个阶段全球化意味着全球经济的"区域化"。

蒸汽革命揭开了技术进步的序幕，这一技术进步过程长达一个世纪。这些技术进步使人类得以跨越大洲。这就是全球化的第三阶段。这一次，全球化的性质再一次发生根本变化。贸易成本的降低促进了贸易，商品的自由流动却没有使世界经济变得扁平。

恰恰相反，全球经济集中于少数几个国家。到 20 世纪末，G7 集中了全球三分之二的经济活动。制造业的集中程度更加严重。甚至在 G7 国家内，生产也集中到少数大型工厂中，这种生产活动的集中方便协调生产活动，这就使复杂工业制造过程变得更加顺畅。

生产活动的这种集中在全球化的第四阶段完全瓦解。随着信息与通信技术革命的发展，远距离合作共同完成复杂制造工序的成本大幅降低。企业现在可以在国际范围内分配需要进行的生产过程。一旦出现这种机会，企业就会充分利用这样的机会。发达国家的企业开始把一些劳动密集生产过程从高工资国家转移至低工资国家。

这就带来由北向南的离岸生产。离岸生产的过程又伴随着生产知识由北向南的流动。正是这些知识的流动改变了全球化的性质，使全球化进入了一个全"新"阶段。一些发展中国家获益于离岸生产和其伴随的知识流动，它们得以以前所未见的速度迅速工业化。发展中国家的迅猛发展最终改变了全球化第四阶段的世界经济格局。

重要结果

新全球化的关键影响：

- G7 国家渐渐去工业化，而一些发展中国家开始工业化。
- 新全球化的影响具有很强的地域性。
- 快速工业化国家的经济增长速度惊人。
- 快速工业化国家收入急增，这大大刺激了初级产品的出口，初级产品的价格也大幅提升。这就是所谓的"初级产品的超级周期"。

- 发展中国家的经济快速发展，与此同时 G7 国家的经济停滞不前。这就是我们所称的"大合流"现象。发达国家占全球 GDP 的份额回到了它们在一战刚开始时候的水平。
- G7 国家与发展中国家之间贸易的性质发生了根本改变。
- 几乎所有的发展中国家都开始大规模地采取贸易自由化措施。它们放松了很多贸易、投资、资本流动、服务和知识产权等方面的限制。

这些巨大变化背后的驱动力是生产知识由北向南的流动。这种流动发端于全球化的第三阶段末期。在此之前生产知识在国家间的分布极不均衡。知识流动使得知识在国家间的分布开始均衡起来。

注释

1. Paul Gallant，"How Bombardier's Experiment Became Ground Zero for Mexico's Economic Revolution," *Canadian Business*，April 15，2014.

2. David L. Hummels and Georg Schaur，"Time as a Trade Barrier," *American Economic Review* 103，no,7(2013):2935—2959.

3. 详见 Yuqing Xing，"How the iPhone Widens the US Trade Deficit with China," April 10，2011，VoxEU.org。

4. 参见 João Amador and Sónia Cabral，"Vertical Specialization across the World: A Relative Measure," *North American Journal of Economics and Finance* 20，no.3(2009):267—280. Bottom panel: Baldwin and Lopez-Gonzales (2014)。

5. 同上，267—280。

6. Robert C. Allen，*Global Economic History: A Very Short Introduction* (Oxford: Oxford University Press，2011).

7. Paul Collier，*The Bottom Billion: Why the Poorest Countries Are Failing and What Can Be Done about It* (Oxford: Oxford University Press，2007)，3.

第二部分

一个理解全球化的框架

现实世界极其复杂,生活在其中的人类不可能了解这个世界的每一个细节。为了理解世界,我们必须将其简化和抽象以形成一个理解框架。这就是诺贝尔奖得主道格拉斯·诺思(Douglas North)所称的"思想模型"。

学者们喜欢用思想模型来解决问题。卡尔·波普尔(Karl Popper)在《开放宇宙》(*The Open Universe*)一书中说:"科学可以被认为是系统简化客观世界的艺术。通过简化,我们可以凸显并看清很多容易被忽略的因素。"物理学家史蒂芬·霍金(Stephen Hawking)也说过:"如果一个模型可以很好地解释一些现象,我们就可以用这个模型来理解真实世界。"[1]如果人们不利用共同的思想模型进行交流,整个社会就无法协调与合作。

由于思想模型可以用来帮助个体之间进行协调,因此采用正确的思想模型就特别关键。在作出决策前,政府和企业都没有办法百分百确定自己的行为会产生怎样的结果。之所以会这样,其原因还不是因为我们不具备某些特别的知识,而是因为这是人类面对的客观现实。人类作决策时需要考虑长期的效果,但是,由于人类社会的复杂性,对长期效果的预判往往并不准确。面对着不确定的环境与未来,要让决策者有勇气作出反应,他们就需要依赖思想模型(或称"理解框架")。这样作出的决策,人们也会更有信心。

第4章中,我们首先介绍一个思想模型。这个思想模型可以用来解释全球化的第二阶段和第三阶段。将这一思想模型拓展就是所谓的"三级约束"理解框架。使用这个理解框架，我们可以解释为什么全球化的第四阶段会和第三阶段根本不同。我们也可以用这个框架解释产生这些不同的原因。换句话说，本章将聚焦于回答为什么旧全球化会带来"大分流"，而新全球化却带来"大合流"。在第 5 章中，我们重点讨论新全球化新在何处。

注释

1. Karl Popper, *The Open Universe：An Argument for Indeterminism*(Totowa, NJ：Rowman and Littlefield，1982)；Stephen Hawking, *The Grand Design*(London：Bantam Books，2011).

4 "三级约束"观点下的全球化

　　无论是在全球、一国还是一个城市的范围内,经济活动的分布都不均匀。我们经常会看到企业迁至租金贵、工资高、交通堵、税负重的城市里,也能经常看到人们从空气好、消费低的乡村搬到空气差、消费高的市区。人类的经济活动为什么会向城市集聚?这其中地理"距离"发挥了很重要的作用。对于不同的事物距离的影响当然也不一样。

　　我们主要关注距离对三类活动(即商品运输、思想交流和人口流动)的影响。距离对这三类活动的影响大不相同。理解这些不同是理解本书中心思想的关键。我们需要认识这样一个事实,那就是距离对这三类活动的限制随着历史的进展而逐次解除。本章的目标在于提出一个统一的思想模型。这个思想模型可以综合三类活动,并可解释旧全球化对世界的影响,也可解释新全球化与旧全球化的不同。

　　全球化开始之前,区域间进行商品运输、思想交流和人口流动的成本都非常高。由于这些成本,消费和生产活动被迫绑定在同一区域之内。可以说,这些成本构成人类活动的三个"约束"。在人类历史进程中,这些约束逐次放松:首先是商品运输的成本,接着是思想交流的成本。最后一个,即人口流动的成本,至今都未能得到有效的降低。

　　本章按照时间的顺序来阐释"三级约束"的观点:首先介绍三种约束的约束力都很强的时代(1820 年之前),接着介绍有一种约束被放松的时代(截至 1990 年),最后是今天所在的时代:两种约束得以被放松。

三种约束：前蒸汽时代

很久之前，两地之间最好的交通工具无非是帆船、驳船、马车和骆驼。在这个时代，无论运输什么商品，无论运往哪个目的地，运输的过程中都充满了严峻的挑战。在一些国家的特定年代，落后的运输技术还可能叠加土匪、税负、政府垄断和冷酷的禁令，使得远距离运输雪上加霜。

在这个时代，三类物品（商品、思想还有人口）的运输方式一样，因此三者的运输成本也无大差。相比之下，人口流动似乎更危险一些：无论是陆路还是海路，谋杀和残害等暴力行为都构成持续的威胁。一个著名的例子是尤里乌斯·凯撒大帝（Julius Caesar）的经历。他在穿行罗马与罗得岛时被西西里海盗抓住，被监禁了差不多两个月。支付了一大笔赎金后，凯撒才得以被释放。这事有个好莱坞式的结局：凯撒一被释放就很快抓住了这群劫匪，并把他们全部绞死。

相比人口流动，商品运输其实并不容易多少，只不过商品还可以被接力运输。比如，丝绸之路的贸易中，极少有商人会横穿整个丝绸之路。绝大多数的贸易都是由一个又一个的商人接力进行的。

思想的交流更加缓慢，因为这需要把相关的书本运输过去，可能还需要将掌握专业知识的专家派到当地。例如，佛教在公元前500年左右就在印度发端，直到两个世纪后才传播到远东地区。千年之后，思想交流的速度仍然非常缓慢。专栏 4.1 中马可·波罗的例子就是一个很好的说明。

总之，在前全球化时代，三种约束都在制约着人类的交流与交换。相比而言，商品运输的成本影响更大一些，它真正阻碍了全球化的开始。因此,落后的运输方式构成全球化的障碍,并最终影响了全球经济地理格局。

专栏 4.1 马可·波罗和 13 世纪的知识传播

13 世纪时,马可·波罗(Marco Polo)的叔叔们受忽必烈可汗的邀请前往中国。这位可汗对他们讲的故事极感兴趣,因此委托他们带给罗马教皇一封信。在信中,忽必烈请教皇提供 100 个可以为他的朝廷官员传授欧洲先进思想的人。这里的先进思想指的是语法、修辞、逻辑、几何学、算术、音乐和天文学这七大艺术。可汗对基督教也很感兴趣,因此还想要一些耶路撒冷油灯中的圣油。

波罗家族在他们的家乡威尼斯港拖沓了几年,之后再一次出发前往中国。这次的一行人中加入了年轻的马可·波罗和几位牧师。旅行从 1271 年开始,历时三年。其间很多同伴被杀或者被俘,牧师们由于害怕,很多都放弃了前往中国。最终,只有波罗家族的部分成员和他们携带的圣油到达了中国。《马可·波罗游记》也没有提到忽必烈是否最终得到了他十年前请求的知识。

之后,波罗家族又从中国乘船返航欧洲。航程的艰险充分说明了在那个时代"运输成本高"究竟意味着什么。这次航行花了整整两年时间。航行开始时的几百位同行者最终只有包括波罗家族在内的 18 个人活着回到了家乡。

影响:生产与消费的捆绑和缓慢的经济增长

在这个时代,远距离的运输基本无法进行。产品的生产在空间上与产品的消费紧密地捆绑在一起(图 4.1)。绝大多数社会成员都需要参与农业生产,且生产和消费的单位都被限制在村庄大小、自给自足的小经济体中。每一个这样的小经济体都有自己的屠夫、面包师和烛台制作师等。消费的产品都只能靠自己生产,不同地点间商品的运输得以避免。

图 4.1 前全球化时代,生产与消费在地理上被捆绑在一起

现代意义的全球化之前,全球经济是"扁平"的。经济活动基本上只限于农业生产,生产组织的范围限制在遍布全球的无数小村庄内部。人口贫困,绝少贸易。仅有的货物贸易只服务于数量极少的特权阶层。

19 世纪之前,一些特别大的城市也开始可以进行货物贸易。不过这样的城市数量极少。比如,中国的京杭大运河使中国南部生产的粮食得以运往北方,罗马的粮食供给在很长一段时间内依赖于地中海地区的谷物生产。

对于那个时代的绝大多数个体而言,消费意味着只能消费本地生产的粮食、衣物和住所。一旦商品生产位于步行可达的范围之外,那么这些商品的价格就会由于高昂的贸易成本与风险而远远超出一般人可以承受的范围。

相比于商品运输的成本,通信和人口流动(即图 4.1 中面对面交流)的成本影响方式有所不同。前全球化时代不存在现代意义上的工厂。尽管有些地区专业化于某些产品的生产(比如中国的瓷器和丝绸),但这些生产在现在看来差不多就是手工业,或者最多算家庭作坊业。

这时的生产知识传播成本极高。生产活动在空间上被分散开来。生产的地理分散进一步抑制了创新——不管是需求的创新还是供给的创新。无论一种想法多么美妙,如果这种想法只能被一个村庄里的十来户家庭所用,那么这个想法就基本没有什么价值。因此,对于创新的需求少之又少。另一方面,创新的产生需要很多人面对相同的问题从不同的角度进行思考。由于面对相同问题的人群被无数个村庄在空间上分隔开来,创新的供给就被严重地限制了。

人类的生活水平由于没有创新而停滞不前。没有大规模的集聚,就没有创新,也就没有经济增长(图 4.2)。

图 4.2　生产的分散导致创新被阻隔,经济增长缓慢

人口被限制在小块的土地上。生产由于很高的贸易成本在空间上被与消费绑定在一起。因此,这个时代的生产活动非常分散,每一个经济体的规模都很小。

信息交流和人员流动的成本高昂,因此,分散的生产活动彻底扼杀了进步。能称得上创新的活动鲜有出现。即使出现,这种创新又得不到很快的传播。比如,公元1000年左右中国就发明了指南针,并将其应用于航海。这一技术过了两个世纪才被传到欧洲。

信息的交流如此困难,重要的知识就可能被遗忘。第1章中我们介绍过书面写作在公元前2000年左右的古希腊和古印度就消失了几个世纪。更近一些的例子是公元5世纪时罗马帝国的覆灭带来的很多知识的倒退。这是为什么知识重回欧洲的过程被称作文艺复兴(Renaissance,法语意为"重生")。其实对这一过程更准确的描述应该是"知识重忆"。

如图 4.3 所示,在公元 1000 年之前,各个地区的人均收入增长率几乎为零。事实上,从罗马帝国的巅峰时期到公元 1000 年左右,西欧的人均收入一直是负增长。欧洲的经济增长起始于公元 1500 年左右,不过也仅限于欧洲。并且,那时的增长以现代的标准很难被称为增长。在图 4.3 所示的 17 个世纪里,欧洲的经济增长率年均只有 0.03％。换成世纪来计算,每个世纪的增长率也只有 3％。亚洲的增长速度更慢,整整 17 个世纪里经济仅仅增长了 25％。

（1990年的美元）

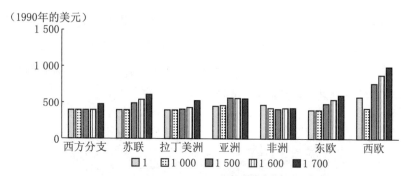

图 4.3　公元元年至 18 世纪，全球大部分地区的人均 GDP 都没有增长

　　诺贝尔经济学奖得主罗伯特·索洛（Robert Solow）告诉我们，经济长期增长的推动力是人类的创造力。新知识、新产品和新的生产方式提升产量，并由此提高人们的收入。各种发明创造也使得人们倾向于投资制造更新的机器，学习更新的技能，收入由此得到更进一步的提升。

　　前全球化时代人均收入停滞不前的原因恰在于此。在那个时代，增长的动力——创新活动——少之又少，即使有也无法在不同地区间有效地传播扩散。

　　公元 1500 年后的西欧是一个例外。在这里，一系列的因素结合起来促进了生产的集聚和贸易，也刺激了创新。只不过在这个时代创新的步履还非常缓慢。

　　资料来源：Maddison 数据库（2009 年版）。

前全球化时代的贸易思想模型

　　尽管并不容易，不过贸易也确确实实存在着。苏美尔的早期文明（即巴比伦）拥有丰富的谷物、泥土和稻草，但除此以外就不生产什么了。苏美尔文明所用的木材、石材和金属都来自它的上下游地区。这样的贸易模式在原始全球化之前是最典型的贸易模式（如本书第 1 章所述，大致为公元 1450 至 1776 年）。正如摩西·芬利（Moses Finley）在他的著作《奥德赛的世界》（*The World of Odysseus*）中所说："个体之间交换物品，每个人都由此获得别人有而自己没有的东西……这样的贸易模式中，进口的需求在推动着贸易，而不是出口。出口的角色仅仅是为获得某种进口而必须支付的代价。"专栏 4.2 给我们提供了一个例子。

专栏 4.2　公元前 1000 年的贸易动机：获得缺乏的必需品

时间追溯到公元前 1000 年。埃及发现的"维纳姆恩纪事"(Wenamun Papyrus)记述了前全球化时代贸易的动机与挑战。

纪事讲述了一位牧师的故事。他被主教派去黎巴嫩寻找制造无上神王亚蒙神(Amon-Re)的驳船所需的木材。这位牧师在航行途中被劫，但他还是想办法得以到达比布鲁斯(Byblos)以获取木材。当地的国王要求他必须拿足够的物品才能交换这些木材，牧师便回到埃及以获取这些用于交易的物品。几乎花了一年，这些物品才最终运到。纪事中记录了用于交换木材的物品清单：装满黄金和白银的罐子、皇家亚麻布、面纱、500 张牛皮和 500 根绳子。

在这个时期，贸易的动机仅限于获得本地生产不了的产品，这就形成了那时有关贸易的概念。这个概念在今天看起来颇为奇怪。道·埃尔文(Doug Irwin)在他的著作《直面大潮：自由贸易的认知史》(*Against the Tide：An Intellectual History of Free Trade*)中解释道，早期欧洲人用"环球经济教条"(Doctrine of Universal Economy)来理解贸易。这一教条指的是上帝有意把资源与货物不均等地分散在世界各地，以此促进人们与他人交换以获得自己没有的必需品，从而使各个地区间和谐相处。

一些这一教条的拥护者谴责贸易行为，认为贸易商毫无道德，因为贸易商违背了上帝的旨意从事寻租活动。他们认为商人并没有在商品中投入劳动，却能通过低买高卖获得利润。也有人支持贸易活动。他们认为贸易其实正是上帝意愿的一部分，即通过贸易把人类世界和谐地连接起来。

中世纪之后，欧洲对于"贸易"的理解开始远离神意而回归现实。

这一时期理解贸易的思想模型被称作"重商主义"。

欧洲的 16—18 世纪都被重商主义所占据。这种主义认为出口是好的而进口是坏的。在这个时代，国库中存放的是真金白银，贸易顺差是为数不多的累积金银的方法之一。由于出口带来更多的金银而进口造成金银的耗散，因此当时的人们认为只有顺差的贸易才会有利于国家。

在这个时代，土地是国家主要的财富来源。一国获取财富最普遍的办法就是国王佩剑上马，带领军队征服更多的土地。拥有了更多的黄金，一国才能更好地支持国土扩张行动，或者国家可以用钱从事一些外交活动，如买通潜在入侵者，引诱别国组成联盟等。在重商主义的思维模式下，贸易和个体的经济福利基本没有关系。

重商主义的第二条准则是绝不进口本国可以生产的产品。这一准则的动机不在于促进本国的生产力水平，毕竟在那个时候工业革命还没有开始。当时的学者主要强调这一准则有利于本国的就业。譬如，在英格兰，受圈地运动（the Enclosure Movement）影响而被驱逐出农村进入城市的劳动力的就业问题是社会关注的焦点。

两种约束：第一次解绑

蒸汽革命引发了一连串改变世界经济形势的事件，这些改变持续了近一个世纪。有关这些事件的书籍汗牛充栋，但如果我们把目光聚焦到全球化，这些书籍的讨论就凸显为一个焦点，那就是努力突破距离的限制以进行更多的贸易。

蒸汽动力船只以及随后出现的柴油动力船只在很大程度上影响了海上运输的成本，一连串重要的改变叠加在一起最终形成了革命。不过，说到底，即使有了这样的各种技术进步，船只能够访问的港口却差不多还是那些在古老青铜时代就能到达的港口。在这个意义上,铁路产生的影响相比船只的进步更为彻底。在过去,各个大陆的内陆地区由于陆路交通不便而与世隔绝。现在,随着铁路的发展,这些内陆地区也和世界经济连接在了一起。

运输成本的降低同时也降低了思想交流和人口流动的成本。人类开始可以大规模地迁徙,尽管此时的迁徙还是非常缓慢、危险和昂贵。那些从欧洲、亚洲迁移到新大陆的人里绝大多数再也没能回去过他们的故乡。

思想的交流还是主要借助过去的媒介:书籍和专家。不过,一些真正改变交流方式的发明如电报等也在这个阶段开始出现。到19世纪晚期,绝大多数国家都已可以通过电报联通。尽管货物和人口仍需要使用船只、铁路或公路运输,但思想却可以通过电线传输了。

电报的发明对人类社会产生了巨大的影响,然而它却无助于打破知识的地域限制。长距离的通信——特别是国际通信——还是极其昂贵。其实,"电报"(telegraphic)这个词就是描述将信息最大限度地压缩在一起,以减少发电报所需要使用的字数。就单字的成本而言,电话比电报好点,但也还是非常昂贵。

因此,复杂知识的交流依旧极其困难。电报和其后出现的电话没能改变距离对全球化的约束,只不过这个时代货物贸易的成本有所降低。正如卡尔·波普尔所言,这个时代的远距离通信技术基本可以被忽略。

影响:贸易急增和大分流

货物运输成本的降低打破了生产和消费在地理上的绑定。一旦生产和消费可以分离,世界各地在经济禀赋上的差异就使得贸易有利可图,这正是"环球经济教条"的出发点。人们开始购买遥远地区生产的产品,各国也逐渐专业化于它们最有竞争力的部门。远距离贸易开始起飞。这就是全球化的第一次解绑——生产与消费的解绑(图4.4)。

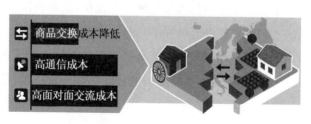

图4.4　贸易成本的降低打破了生产与消费的绑定

19世纪远距离货物运输的成本下降得益于两个事件,一是运输技术的革命,二是不列颠治世带来的全球相对和平。现在,购买和消费他国的产品变得经济可行。

由于生产和消费被解除绑定,各国间商品价格的巨大差异就使国际间贸易有利可图,远距离贸易随之迅速发展。

贸易的发展使得各国可以专业化于其最具有竞争力的产业,这些产业在这些国家的扩张也迫使他国退出这些它们相对并不擅长的产业。这就产生一个结果,世界经济不再"扁平",各国开始专业化于它们最擅长的产业的生产。

远距离运输带来一个看起来很奇怪的结果,那就是世界经济变得不再平滑,充满凸起。制造活动从村庄、家庭转移集中到工厂和工业区。距离发挥的作用似乎变得与以往不同。仔细研究并理解清楚产生这一结果的机制很有意义。

运输成本的下降使得一些企业获得服务全球市场的机会,并因此能够以前所未有的规模进行生产。大规模生产的组织异常复杂。生产的复杂性再加上高昂的知识交流成本就决定了生产组织在空间上的分布。由于将生产的各个阶段在地理上集中能够降低生产过程的管理成本,并使管理过程变得更加稳定,因此,工厂出现而生产过程集中于工厂内部。这样的安排克服的是思想交流和人员流动的成本,而不是货物运输的成本(不过有的时候工厂的地理位置选择也会受到类似能源产地等需求的影响)。

由此,贸易成本的降低没有让世界变得扁平。恰恰相反,运输成本约束的放松使得生产管理开始面对第二个约束:沟通约束(图 4.5)。

图 4.5 企业服务于全球市场,生产因此开始集聚于特定区域

商品交换成本的下降使得一些企业获得服务全球市场的机会,复杂的大规模生产在这种情况下更有优势。由于信息交流的成本仍然很高,为了更方便地进行管理协作,企业就将繁复的生产过程都集中在一个工厂之内。

换句话说,现在贸易成本降低了,但交流成本仍然很高。因此,生产服务于全球市场的同时,生产过程却在向特定的地区集聚。

正如历史所呈现的那样,生产集中于 G7 国家,这些国家进入良性循环:工业集聚推动创新,创新提升竞争能力,而竞争能力的提升又进一步推动了工业向 G7 国家的集聚。创新也带来收入的提高,如

**图 4.6 工业集聚促进了 G7 国家的创新,因为知识
无法跨国流动,国家间收入水平开始分化**

大量进行大规模生产的工厂集中于特定的地区,这就点燃了累积性创新的"熊熊篝火",也因此引燃现代化经济增长。由于高昂的思想交流和人员流动成本,这些地区的创新和知识滞留在本地而不能广泛扩散,北方国家(西欧、北美和日本)的知识累积因此远超南方国家(发展中国家)。全球知识分布的不均衡又进一步扩大了北方国家在生产上的优势,使得这些国家的收入远超南方国家。

总之,货物运输成本得到了降低,但同时思想交流的成本仍然居高不下,这是"大分流"出现的根本原因。

图 4.6 所示。G7 国家的发展因此进入一个不断向上攀升的螺旋,收入的增加扩大了市场规模,更大的市场又推动了集聚,提升了创新和竞争能力。

随着知识的累积,思想交流约束对经济的影响越来越大。由于知识难以跨国扩散,G7 国家的超高生产率被限制在这些国家内部。这种区域性的知识累积在短短几十年内造成北方国家(西欧、北美和日本)和南方国家(发展中国家)在收入与工资上的巨大差异。

理解全球化的第一次加速

维多利亚时代的英国在 18 世纪末成长为历史上最强大的帝国之一。这一帝国与过去的帝国有所不同。在过去,土地是一国财富的主要来源。一个国家的富强需要这个国家攫取大量的土地,并将这些土地的收入向本土转移。

这一时期的英国的确也攫取了不少土地,但这些土地并不是英国崛起的主要原因。其国家财富和军事力量的增长很大程度上源于其经济重心从农业向工业的转向。国际贸易是这一转向过程的必要条件。因此,英帝国崛起的方式与亚历山大大帝、成吉思汗,甚至亨利八世等的帝国不同。理解英国崛起的机制需要我们抽象、简化出新的思想模型。这个任务最终由一位富有的股票经纪人——大卫·李嘉图(David Ricardo)完成了。

在 1817 年李嘉图出版的《政治经济学及赋税原理》(*On the Principles of Political Economy and Taxation*)一书中,他提出一个非常流畅简洁的理论来解释贸易。这一理论对现实的概括是如此完美以至于直至今天它仍然是全球贸易理论的核心。这一理论的基本思想在于,国家是经济的基本分析单元,国际贸易是国家间产品的交换。国家间的贸易模式由各国的"比较优势"来决定(比较优势有时也被称作竞争优势)。[1]

简单的讲,"比较优势"指某国在某产品生产上相比其他国家更具优势。在贸易被禁止的情况下,走私者会从擅长生产某产品的国家(A国)购买该产品,然后将它们转卖到不擅长生产这一产品的国家(B国)。假如存在另一种产品,两国的优劣势在这一产品上刚好反转,那么走私者就会从B国购买这种产品并卖回给A国。

自由贸易其实就是合法的走私。比较优势理论(也可以称为走私者原理)因此很好地解释了为什么国家间会进行贸易,以及为什么参与贸易的国家都能从贸易中获益。

李嘉图的理论可以被总结为:"专业化于你最擅长生产的产品,进口你不擅长生产的产品。"这一理论因此也解释了贸易对各国生产分工模式的影响。本国不擅长部门的进口竞争会打击本国该部门的生产,但与此同时本国又会在其擅长的部门获得更大的出口机会,从而本国在该部门生产的规模得以扩大。在这种"走私"的驱动下,各国逐渐将资源投入到其最具竞争力的部门和领域。这种分工因此促进了所有贸易参与国的生产力与收入的提升。

在这样的逻辑下,全球化的本质是:贸易成本的降低带来了更多的贸易,更大规模的贸易提升了全球的生产效率,因为贸易促使各国专业化于其最擅长的部门。

当然,在李嘉图所处的时代,跨越国界的不仅仅只有货物。这个时候有向新大陆迁徙的移民,有像东印度公司这样的全球性跨国公司,还有非常普遍的国际借贷。李嘉图的模型把这一切都涵盖其中,现实被合理简化,模型也因此更方便进行分析。

理解全球化需要李嘉图理论

一般有关全球化的讨论都会一开始就列举很多吸引人眼球的事

情，比如给出资本、劳动力、服务、企业、技术、知识、文化和商品等在国家间大量流动的数字。但一旦从事实的描述转向理论的分析，几乎所有的讨论都会立刻把重心完全放在商品的流动上，并将全球化视为完全由各种贸易成本的降低而推动。

这种先"钓鱼"后"转换"的做法在分析中挺常见。一个常常被经济学教授们提到的笑话解释了为什么人们要这么做：

> 某个晚上，一位衣冠楚楚的商人见到一位蓬头垢面的经济学家正在路灯下寻找着什么，他就过去问道："你丢了什么？需要我帮你吗？"经济学家看上去似乎喝醉了，他回答道："我的钥匙丢了。"商人又问，"你把钥匙丢哪儿了？"经济学家回答道："钥匙丢在那边的停车场了。不过那边太暗，没有路灯，所以我得在这边找。"

当然，请大家不要误会，尽管理论分析时尽量简化，大量的具体例子说明还是很必要的。

然而，全面、大量的描述无法帮助我们深入理解现象背后的机制。现实中，全球化为某些因素所驱动。这些因素影响着另外一些因素（如价格），这些另外的因素又影响了再一些因素（如产品需求和供给），这些再一些因素又会影响再再一些因素（如生产要素需求），再再一些因素又会进一步影响某些特别重要的因素（如工资、就业和收入），这些特别重要的因素反过来影响到前述的"另一些"因素和"再一些"因素，甚至影响到那些驱动全球化的因素。

面对这样复杂的逻辑过程，尽管一些关于全球化的普及性讨论依赖于肤浅的相关关系并避免深入的推理，然而真正深刻的全球化分析往往最终需要借用李嘉图的思想模型。这些分析包括比如艾利·赫克歇尔（Eli Heckscher）、伯蒂尔·俄林（Bertil Ohlin）、保罗·克鲁格曼（Paul Krugman）、埃尔赫南·赫尔普曼（Elhanan

Helpman)、吉恩・格罗斯曼(Gene Grossman),以及马克・梅利茨
(Marc Melitz)等人的工作。

将集聚引入李嘉图理论

与"环球经济教条"一样,李嘉图的思想模型假设各国在各个行
业的竞争力外生给定,而非内生决定。

为更好地理解全球化第一次解绑,李嘉图的理论框架需要再添
加一些新的元素。在这个方面第一个作出重要贡献的是诺贝尔经济
学奖获得者保罗・克鲁格曼和他的两位合作者:牛津大学教授安东
尼・维纳布尔斯(Anthony Venables)、京都大学教授藤田昌久
(Masahisa Fujita)。在他们的《空间经济学》(*The Spatial
Economy*)中,提出了"新经济地理"(New Economic Geography)概
念。本书第6章将详细阐述这一概念,而这个概念的简单逻辑也在
本书的第2章历史介绍部分有所介绍。

李嘉图理论主要关注"哪个国家出口哪种产品"。在李嘉图理论
中,这个问题的答案由外生给定的竞争力决定。作为对李嘉图理论
的第一个补充,我们需要建立一个新的思想模型,在这个新的模型
中,竞争力不再外生,它既是贸易的结果又是贸易的原因。为此,我
们需要首先建立竞争力与产业集聚之间的双向影响关系(见图4.7)。

比较优势是竞争力影响集聚的渠道。在李嘉图模型中,一种产
品在哪个国家的生产效率最高,那个国家就会出口这种产品。随着
进一步的贸易自由化,这个国家会向这个行业投入更多的资源以生
产更多的这种产品。在别的国家,贸易自由化对这个行业的影响则
恰恰相反:进口增加而本国生产减少。这样,自由贸易就造成产业在
世界范围内的集聚——一种产业在全球的生产会集聚于在该产业生
产上效率最高的国家。

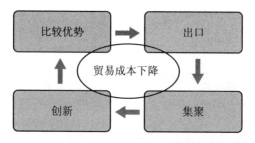

图 4.7   动态比较优势：贸易、比较优势、创新和经济增长之间的相互联系与影响

　　全球化的第一次加速（即全球化第一次解绑）颠倒了整个世界经济体系。位于欧亚大陆的欧洲半岛上原本贫穷落后的国家成为了全球经济的主导者。

　　静态的李嘉图思想模型无法解释这个过程。要解释这个过程，我们需要在李嘉图的思想模型中加入集聚和经济增长。理论模型修改的细节将在下一章中详细介绍。本图大概勾勒了这个新的模型。我们从本图右下角的方框（集聚）开始看起。

　　一国之内产业的集聚促进了新知识的产生和新发明的出现（即左下角的方框"创新"）。创新的发展提高了该国在该行业的竞争力（左上角的方框"比较优势"）。根据比较优势理论，该国竞争优势的提升会促进这个国家这个行业的生产和出口，而产量的提升又进一步促进了产业的集聚。这就形成了一个完整的闭环。

　　集聚影响竞争力的渠道则有很多。行业在一个很小地区的集中可以提升生产效率，生产效率的提升又可以提高该国在该行业的竞争力。集聚提升生产效率的渠道可以通过规模经济（大规模生产和密集的供应网络可以降低单位产品的生产成本），也可以通过对创新的促进（由于有更多的人面临相同的问题，创新就更容易出现）。

　　阿德莱德（Adelaide）的阿尔伯特大桥（Albert Bridge）（图 4.8）很好地体现了产业集聚、创新和运输成本降低三因素合力的力量。这座大桥于 1859 年建成，桥的全部结构件在英格兰生产，生产完后运输了 2.2 万公里到阿德莱德。然而，就算这样，大桥的建造成本也比完全在阿德莱德本地生产还低。

　　不过，生产在发达国家的高度集中也有一定的代价。这里的代价主要是生产过程的劳动力成本。这个时期绝大部分的生产过程由 G7 国家的劳动力完成，比如，20 世纪的 80 年代至少有三分之二的全

图 4.8　澳大利亚阿德莱德的阿尔伯特大桥,19 世纪 50 年代产于英国

　　规模经济、竞争力提升和运输技术的进步等动态过程带来生产的高度集中。以阿尔伯特大桥为例,这座桥的结构件产于英国(即结构件的"预制"),结构件生产完成后运至澳大利亚并进行组装而成。我在刚开始写作本书的时候还在阿德莱德大学访学。我基本上每天都会经过这座大桥。

　　图片来源:南澳大利亚州立图书馆,阿德莱德景点和阿尔伯特大桥照片展区,B4729。照片拍摄于 1928 年。

球生产活动由 G7 国家完成。而发达国家的劳动力成本又往往很高。

　　由于各国间工资水平差距悬殊,如果生产过程能够被打散,并将劳动密集的生产阶段转移到发展中国家,那么生产成本会降得很低。然而,除了像服装和微电子等生产过程极其模块化的行业,大部分行业由于极高的沟通成本,在全球分散生产并不经济。在这个时期,远程协调复杂的生产过程尚不可行。这个问题的解决有待于信息与通信技术革命的发展。

一种约束:第二次解绑

　　20 世纪 80 年代后期,信息传输、存储和处理等方面的技术有了革命性的发展。这些技术进步大大地降低了沟通成本。如第3章中所述，这时的电话成本大幅下降，传真成为标准配置，手机用户爆炸式增长，电信网络变得密集、稳定又便宜。到90年代，互联网的兴起更进一步地降低了思想交流的成本。

还有两种发展同时伴随着沟通成本的降低：一方面是计算性能的大幅提升（摩尔定律），另一方面是光纤传输速率和带宽的提升（吉尔德定律）。当前，双向、持续地进行文字、图片和数据的交流几乎没有什么成本。距离对于数字化知识的影响彻底消亡。更准确地说，信息和通信技术革命彻底消除了距离对数字化知识流动的约束。

对于货物运输和人员流动的成本，信息和通信技术革命却没有什么影响。边际上看，货物贸易的确变得更加快捷又易于协调。如果没有当前的全球化信息与通信技术和计算机处理能力的支持，联邦快递和敦豪航空货运公司这样的公司就没法进行它们的工作。还有一些其他因素也在降低贸易成本，比如航空技术进步带来的空运成本的降低，又比如发展中国家大规模的贸易自由化等。不过，相比于19世纪到20世纪初的技术进步，这些变化显得要温和得多。

通信技术的提升也没能降低人员流动的成本，部分的原因是与此同时个人的时间成本也在提升。并且，更好的通信技术加大了人们对于旅行的需求，毕竟人们面对面交流的需求在大量短信沟通之后变得更多了。不管怎样，短信交流总不能完美替代面对面的交流，甚至在很多时候，这两者还互为补充。比如，只有在两个人见过面之后，电子邮件沟通才会比较有效。相比航空邮件和电话的时代，人们现在需要联系的个体要多得多，我们因此也有更多与更多人面对面交流的需求。

一言以蔽之，信息与通信技术的革命放松了第二个约束，但却没能放松第三个约束。这一不均衡的技术进步对全球经济版图产生了革命性的影响。

影响：生产过程解绑、新兴市场增长

信息与通信技术革命放松了信息交流的约束，这一约束又是之前生产集聚的决定因素，全球化因此进入一个全新的加速过程。与第一次解绑相似，信息与通信技术革命产生如此影响的关键在于它让企业能够利用国际价格的差异进行套利。

过去，生产过程的各个阶段必须距离很近才能完成。现在，新的通信技术使得这些生产阶段可以被打散并分散到世界各地完成，还不会有过大的生产效率和时间损失。一旦信息与通信技术革命为离岸生产打开大门，大分流时期形成的国家间工资水平差异就推动离岸生产迅速发展。这就是全球化的第二次解绑（图4.9）。服务业也有离岸生产的趋势，一些办公室里的生产流程也和厂房里的生产流程一样被解绑并离岸了出去。

图 4.9　信息与通信技术革命引发第二次解绑——G7 国家工厂的生产向全球的分散

过去的几十年里，美国与墨西哥之间，或者日本与中国之间存在着巨大的工资差异。如果企业能够把不同的生产阶段分散到不同的国家，那么企业就会大大地节约生产成本。然而如果人们只能依靠电话、传真或隔夜邮件来协调生产的话，跨国分散生产阶段就是一句空话。信息与通信技术的革命使得远距离协调不同生产阶段变得非常容易，这就改变了企业最小化成本的最优选择。G7 国家的企业发现，如果它们把某些生产阶段转移到工资水平很低的国家进行生产可以实现更大的利润。

当前，很多产品都由如图所示的国际性生产网络来生产。这样的生产网络往往由远程通信、电子邮件、基于网络的管理系统，以及一些其他的信息交流构件编织而成。

新全球化下的空间悖论

跟第一次解绑一样，第二次解绑也带来一个非常反直觉的现象：尽管生产过程在向世界各地分散，但人们却越来越多地向城市集聚。这样的快速城镇化进程遍布全球。这一现象提示我们，距离其实在变得越来越重要。另一方面，离岸生产的网络其实也呈现出明显的区域性质（比如离岸生产网络往往构建于邻近的国家之间），而不是彻底的全球性生产网络。

这一看似奇怪的现象其实很好解释。信息交流约束的放松并没有使世界变得扁平，相反，它使全球化进程直面第三个约束，即由于人口流动成本造成的面对面交流的约束。对某些工作而言，使用电子邮件或基于互联网的协调系统进行交流就足够了，但如果要让一个非常复杂的生产系统和谐有序地进行，一些面对面的沟通必不可少。对很多行业而言，这就要求企业人员集中在城市里。对制造业而言，这也代表着离岸生产地点的选择需要能够保证企业管理者和技师在一天之内能够到达。比如，德国的大多数劳动密集生产阶段放在中东欧，美国的这些生产阶段则大多放在墨西哥，而日本大多放在东亚和东南亚。因此，离岸生产的发展就形成了区域性的亚洲工厂、欧洲工厂和北美工厂——而非世界工厂。

总之，相比于货物的运输和思想的交流，距离对人口流动的意义大不一样。在前两个约束解除后，距离开始以一种新的方式影响着全球经济。

由北向南的离岸生产和知识流动

制造企业的离岸生产对全球知识的分布产生了很有意思的影响。为了确保生产的各个阶段能够统一和谐地运行，G7 国家的企业把一些自己专有的知识也进行了跨国的转移（如图 4.10 中灯泡所示）。英国的戴森（Dyson）公司就是一个很好的例子。

图 4.10   全球价值链提供了知识由北向南流动的通道

　　沟通成本的降低使得国际化的生产成为可能。然而离岸生产并没有消灭对不同生产过程进行协调的需求，它仅仅把这种协调变得国际化了。为了保证生产过程能够统一和谐，企业同时也将它们的管理、营销和技术知识随同生产阶段进行了转移。
　　其结果是，发展中国家的劳动力和发达国家的先进生产技术结合在了一起。这种结合具有很强的竞争力，强大到足以改变全球制造业的格局。制造业因此迅速地从 G7 国家转移出来，移向它们邻近的发展中国家——特别是中国。
　　从这个角度看，离岸生产（比如苹果公司的工厂由得克萨斯州向中国的搬迁）就不应当被看成单纯由于中国竞争力升升而带来的"产品跨境"（goods crossing borders），而是美国专有的知识向中国低工资劳动力的转移。发展中国家一旦被这样的新全球价值链排除在外，它们就很难再利用自己的低工资劳动力和落后的技术与之竞争——这就是所谓的"过早去工业化"（premature deindustrialization）现象。

　　戴森公司主要生产（或更准确地说，"以前"生产）一些类似高端吸尘器的产品。这家公司位于南安普顿（Southampton）的一个小镇马姆斯伯里（Malmesbury）。在那里，公司主要进行家用电器的设计、研发和制造。这家公司是第二次解绑的一个典型例子，它在 2003 年就将它的制造活动转移到了马来西亚。
　　现在的戴森可以说是一个"没有工厂的生产商"。[2] 这个叫法第一次由达特茅斯学院的经济学家安德鲁·伯纳德（Andrew Bernard）提出。公司的员工没有一个参与产品的生产制造。相反，他们主要致力于为产品的生产提供服务。为了保持产品的竞争力，戴森把它的技术、营销和管理知识与马来西亚的低工资劳动力结合在了一起。

在无数个像戴森这样的企业的推动下，知识开始以前所未见的规模由北向南流动。由于知识是增长的关键动力，这种新的知识流动就改变了世界经济增长格局。它在新兴经济体中激发出史无前例的经济增长动力（图4.11）。

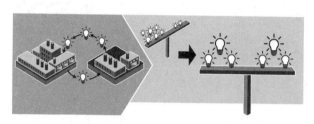

图4.11　国际生产网络内的跨国知识流动带来了大合流

第二次解绑改变了技术的边界。技术的边界不再由国家的边界决定，而是由国际生产网络的边界决定。知识分布在大分流时期形成的不均衡格局由于知识由北向南的转移而得到改变。知识的重新平衡引发少数发展中国家的快速工业化，并带来这些国家经济发展的腾飞。

不过，只有少数得以从事离岸生产的发展中国家获得了制造业竞争力的提升。其他的发展中国家只能通过初级产品的超级周期（the commodity super-cycle）从中间接获益。初级产品的超级周期源自以中国为代表的快速工业化发展中国家对初级产品需求的增加。

这就是为什么第二次解绑导致大合流，而第一次解绑导致大分流的原因。第一次解绑的时代，货物运输成本的降低激发了北方国家的创新能力，但这些创新却由于极高的信息交流成本局限在北方国家的内部；到第二次解绑的时代，国家间知识的转移变得非常容易。之前形成的各国知识水平的巨大不平衡就带来了在国家间进行知识套利的机会。离岸生产就是在北方国家（知识水平较高）和南方国家（知识水平较低）之间知识套利的行为。大合流是这种套利的结果。

全球化第二次加速的思想模型

两个世纪以来，贸易主要是指产销地分离的产品的贸易；这个时期的全球化主要指货物跨越国境成本的降低。随着贸易成本的降低，部分国家沿着集聚—创新—竞争力的螺旋上升，工业国家变得越来越富裕，大分流也就发生了。

这种状态在 1990 年前后被彻底翻转。第一次解绑时期的螺旋上升使 G7 国家占全球经济的比重上升,但到 1990 年时这一良性螺旋逐渐被架空。第 3 章里介绍的新兴工业化六国(I6)迅速完成了工业化,与此同时 G7 国家在全球制造业中的占比则急剧下降。在 2000 年前后的几十年中,全球有近五分之一的制造业由 G7 国家转向 I6。快速的工业化带来收入前所未有的提升。由于在 I6 生活着占全球近一半的人口,这些国家经济的快速增长引发了初级产品的超级周期。超级周期引发对初级产品需求的提高,发展中国家中的初级产品出口国的收入水平也因此水涨船高。

乍看起来,这一轮国际生产的重构和 19 世纪发生的重构有点相似,各个国家都在进一步专业化于自己最擅长的行业或生产阶段。但事实上新兴国家的快速工业化进程与 G7 国家的工业化进程大不一样。I6 并非依靠自身的知识积累,也非依靠自己构建的完整国内供应链来参与竞争,而是通过加入区域性的生产网络来提升自身的竞争力。[3]

这不是之前美国、德国或日本工业化的方式。新的现象要求我们使用一个新的思想模型来理解新形态下的全球化。

生产碎片化、任务贸易、离岸生产和下一次工业革命

对很多 20 世纪 90 年代的观察者而言,全球化显得似乎有点不同。亚洲是最早面临新全球化的地区。那里的学术界和政府研究了所谓的"生产碎片化"。战后最著名的贸易理论家之一的罗纳德·琼斯(Ronald Jones)在他 1997 年的俄林纪念演讲(Ohlin Memorial Lecture)中勾画了一个解释生产碎片化的理论模型。在由麻省理工学院出版的著作《全球化与投入品贸易的理论》(*Globalization and the Theory of Input Trade*)中,琼斯直接挑战了比较优势理论,不

过遗憾的是他的这一理论基本上被学界所忽略了（直到现在也是）。

21世纪以来，新全球化向我们抛出越来越多的谜团，我们越来越迫切地需要一个新的思想模型。2006年三位杰出的普林斯顿经济学家指出全球化已经进入一个新的阶段，这构成新全球化研究的首次突破。2006年3月普林斯顿经济学家艾伦·布兰德（Alan Blinder）在《外交》（*Foreign Affairs*）杂志上发表了《离岸生产：下一次工业革命？》（Offshoring：The Next Industrial Revolution?）一文。这篇文章在达沃斯论坛掀起轩然大波，但它没能深入研究当今状况如何改写传统全球化理论。这一缺憾在2006年8月为普林斯顿教授吉恩·格罗斯曼和埃斯特班·罗西·汉斯伯格（Esteban Rossi-Hansberg）所填补。他们提出一个理解新全球化的"新范式"，即所谓的"任务贸易"（trading tasks）。这个新的理论框架聚焦于离岸生产，关注生产过程和中间品的贸易。他们的理论在堪萨斯城联邦储备银行著名的杰克逊·霍尔会议上（Jackson Hole Conference）一经发表就像野火一样四处扩散。他们的成果激发了我个人对新全球化的思考，促使我思考新全球化的新特点对于政策的影响。我的这些思考记录在2006年9月我为芬兰首相办公室撰写的论文《全球化：大解绑》中。在这个问题上我花了十年进行思考、写作和演讲，最终形成了本书"三级约束"的思想框架。[4]

21世纪的知识和19世纪的人口迁移

在最后总结"三级约束"理论之前，我想先用一个历史事件来类比第一次和第二次解绑的不同。这个类比来自19世纪，这个世纪见证了两种截然不同的全球化，一种是李嘉图式的货物贸易，另一种是生产要素的跨国迁移，而这些生产要素正是一国比较优势的来源。

在第一次解绑时,欧洲拥有大量的人口但土地资源贫乏。美国恰恰相反。这种情况本来应该意味着新大陆会向旧世界出口粮食,就像李嘉图模型预测的那样。然而,新大陆的大部分土地完全无法用于农业,因为这些土地过于偏远,农作物即便生产出来也没有办法运到市场上去。铁路的出现打破了距离的"诅咒",大量的荒原变成丰饶的农场。不过新的农场需要大量的劳动力来耕种,这个时候移民就进入了我们的故事。

当时的美洲对欧洲移民的政策十分宽松。移民之门大开,土地肥沃诱人,成群的欧洲人移民到美洲以利用这里丰富的土地资源(见第 2 章表 2.3)。这些新来的生产要素(劳动力)带来非常可观的经济增长,也同时大大促进了跨大西洋的贸易。

在这个故事中,李嘉图的比较优势理论失去了解释力。更确切地说,比较优势理论需要进行调整以适用于这种全球化。调整的原因在于,现在一国比较优势的来源(劳动力)向另一个国家的比较优势来源(土地)进行了迁移。

在李嘉图的理论框架中,各国的比较优势是外生给定的。如果我们把李嘉图的理论进行足够的延伸,这个理论也可以用来解释上述情境。毕竟,来自欧洲的移民并没有逆转美国在农作物生产上的比较优势,反而还提升了这一优势。但是,移民带来的经济增长和农作物出口的增加与李嘉图理论的预测有本质的不同。第一,移民改变了(或者说强化了)美国的比较优势,因此农作物的出口得以提升;第二,与贸易成本降低带来的效果不同,移民的影响不具有全局性,而只局限于得到移民的地区(如美国、加拿大和阿根廷等)。

这个故事可以用来类比全球化的第二次解绑。信息与通信技术革命与美国自由的移民政策很像,它使得 G7 国家的比较优势来源(知识)向 I6 的比较优势来源(劳动力)迁移。与 19 世纪的情况不同,知识的流动不只提升了 I6 的比较优势，它更使像中国这样的国家得以大量出口那些原来自己完全不可能生产（更不要说出口）的产品。

这个故事和第二次解绑在另外一点上也很相似——它也呈现出很强的地域性。掌握知识的 G7 国家企业小心翼翼地控制着它们知识的流动。这些企业投入大量的精力保障它们的知识只在自己构建的全球价值链内流动。这就使得新全球化影响的国家仅仅是那些接收到知识的发展中国家。

下一章中我们将深入探讨新全球化究竟新在哪里。

专栏 4.3 "三级约束"观点概要

农业革命将劳动力和小块土地捆绑在一起，距离的限制使生产和消费在空间上捆绑在一起。货物运输、思想交流和人口流动在农业社会极其危险，成本昂贵。这个时候也有贸易，只不过贸易局限于那些满足好奇心的物品、稀缺品或者奢侈品。

随着科技的进步，货物运输、思想交流和人员流动的成本得以降低，但它们的降低速度并不一致。在全球化的第一次加速中，决定性的变化是货物运输成本的下降。降低了的运输成本使得生产和消费在空间上的绑定不再必要。这就促成了全球化的第一次解绑——产品生产和消费在空间上的分离。

第一次解绑使得工业生产集聚于发达国家，这些国家的工业化开启了创新驱动型经济增长。在第一次解绑后，思想交流的成本依旧很高，工业创新被局限在发达国家内部，经济增长因此也局限于这些国家内部。这样的情况持续了几十年，不平衡的发展造成了国家间的大分流——即国家间收入差距史无前例地拉大。大分流成为过去长达一个半世纪世界经济的标志。

自 1990 年以来,沟通和协调的成本急速下降。这终结了生产过程在同一工厂或同一工业区内的绑定,由此促成了全球化的第二次解绑,即生产过程的国际化。

要协调国际化的生产过程,企业专有的知识也需要在国家间流动。由北向南的离岸生产于是伴随着由北向南的知识流动。知识流动的闸门大开,大量的知识流入少数几个发展中国家。G7 国家企业的先进技术和发展中国家低廉的劳动力结合在一起。全球制造业总增加值中的近五分之一由北方国家转移到了南方国家。

虽然货物运输和思想交流的约束被放松了,但这个世界变得更不平坦了,就像理查德·佛罗里达(Richard Florida)于 2005 年在《大西洋月刊》(the Atlantic)发表的成名文章中所说的那样。绝大多数国际生产网络和价值链都不是全球性,而是区域性的。它们不是位于亚洲工厂、欧洲工厂,就是位于北美工厂里。另外,人的集聚仍然非常重要,遍布全球的城市化进程意味着距离变得更为重要。这两种现象似乎都与面对面交流的成本紧密相关。

换言之,世界经济现在正直面着第三个约束——面对面交流的成本。如果这第三个约束也被放松,世界将会变成什么样? 在第 10 章中,我们将对此给出一些猜测。

注释

1. David Ricardo,*On the Principles of Political Economy and Taxation*(London: John Murray,1817)。

2. Andrew B. Bernard and Teresa C. Fort, "Factoryless Goods Producing Firm," *American Economic Review: Papers and Proceedings* 105,no.5(May

2015):518—523.

3. 韩国是个例外,因为在贸易保护之下,它的重工业确实发展了起来。然而,近年来,它也开始设立自己的国际生产网络。

4. 声明:吉恩·格罗斯曼是我的姐夫。他在2006年8月上旬我母亲80岁生日当天的聚会上将他在杰克逊·霍尔会议上要演讲的论文拿给我看。我在这个周末也完成了我自己的那篇文章。

5 新全球化新在哪里?

正如美国记者托马斯·弗里德曼(Thomas Friedman)所说,全球化正在开创一个全新的世界。在 2005 年的畅销书《世界是平的》(*The World Is Flat*)中,他开篇描述了他的"哥伦布式探索之旅",其中记述了他在印度参加的一场高尔夫球赛,当他看到发球区有很多美国合作品牌时,感到非常惊异而大受启发:"世界是平的!"有经验的读者可能会想,弗里德曼如果在全世界更多地走走看看的话,他可能会看到更多类似的事情。

虽然人们很容易接受这种"日光之下,并无新事"的思想,但本章的目标却是论证新全球化的全新之处。或者说,本章试图寻找全球化的第一次解绑和第二次解绑之间的不同。

新全球化的全新之处源自第二次解绑的两个特性:第一个特性是制造和服务生产中的碎片化和离岸化,第二个特性是随着生产离岸而产生的技术流动。我们接下来首先讨论生产离岸引起的国际生产边界的变化。

生产组织形式的变化

国际生产的组织形式在 20 世纪 80 年代中期到 90 年代中期发生了变化。方便起见,让我们以 1990 年作为这一变化发生的时点。虽然这一变化描述出来也很简单,但是它的影响却深刻而复杂。我们曾使用过不同的称谓,如新全球化、第二次解绑或者全球价值链的革命,来指代这一变化(见图 5.1)。

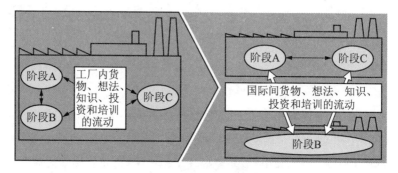

图 5.1　新全球化和生产国际化：工厂跨越南北方国家

传统生产方式中生产阶段全部集中在 G7 国家工厂或工业区内（如左图所示）。在第二次解绑之前，虽然也存在着中间品、资本和服务的国际间交换，但这些交换大多发生在 G7 国家内部，如美国和加拿大之间，或者西欧国家间。

信息与通信技术革命使得 G7 国家能够将某些生产阶段转移到发展中国家，以此降低生产成本。其结果是，大量的企业开始跨越南北方国家的边界。这一简单的变化引发革命性的后果。由于向低收入国家转移生产过程还需要协调分布于各国的生产阶段，因此那些原本用来在 G7 国家工厂内部进行生产协调的要素——比如人员、想法、投资、培训和专业知识等——也开始跨越南北方国家的边界（如右图所示）。知识是这些新的流动中最重要的要素。由于知识开始从富裕国家流向贫穷国家，全球化及其影响就变得与过去完全不同。

传统上，G7 国家的制造商们通常采购国内的中间投入品来制造产成品，这些产成品则进一步被销售到世界各地。由于中间品都来自国内，因此我们可以用一个国家来定义一个产品，如美国的产品就是完全产自美国的产品，如图 5.1 左图所示。

当然，在这个时期，还是有些特定的中间品可能进口自遥远的国家，比如制造汽车轮胎所用的橡胶。此外，在这个时期，G7 国家内部也存在着频繁的中间品往返贸易。这种往返贸易的起因是各国在生产上的高度专业化。由于这种专业化，一国会在某些特定部件上具有成本优势。例如，在欧洲，法国汽车零部件公司法雷奥（Valeo）专门从事轿车空调的生产，而德国公司威百思特（Webasto）汽车有限公司则专门从事公共汽车空调的生产。尽管存在着这些北方国家内部的贸易,但即使把这些都算进来,在信息与通信技术彻底改变生产网络之前,各国产成品中来自国外的价值比例相当小。[1]这种情况下,德国出口的产品可以被看成是德国的劳动力、资本、技术和管理的一个总成体。美国、英国、日本、法国和意大利的产品也同样如此。[2]

在这个时期尽管制造过程集中在一个地方,但其生产过程并不简单。如图 5.1 所示,它通常涉及多个生产阶段。正如第 4 章中的讨论那样,由于需要协调复杂生产过程,产品制造阶段需要在工厂内或工业区内微观集聚。当信息与通信技术革命开始把微观集聚黏合剂"融化"掉时,G7 国家的公司越来越多地把生产过程国际化——即使用邻近发展中国家的低成本劳动力以降低成本,如图 5.1 右图所示。这里的关键在于,在这种国际化安排下,工厂跨越了南北方国家的边境。这就引发了很多变化,其中最重要的一个是:原本在工厂内部的流动变成了国家间的流动。本书的核心主题就在于说明,正是由于这种始于 1990 年的国际化的流动,全球化对于世界经济产生了与以往根本不同的影响。

本章剩下的部分将考察这种看似简单的生产组织变化带来的复杂影响。这些影响可以被概括为四个方面:(1)比较优势的非国家化;(2)价值向服务转移;(3)出现新的获益者和受损者;(4)全球化变得更为宽广。

比较优势的非国家化:国家间的新型竞争

国家间在经济上的竞争,以及这种竞争带来的后果过去往往基于比较优势准则来理解。这一准则的前提是各个国家在不同行业上竞争力不同。当商品开始自由贸易后,市场力量推动各国生产和出口更多它们最擅长的产品,而进口更多它们不擅长的产品(第 6 章将对此进行更详细的探讨）。

图 5.1 显示，第二次解绑重绘了生产的国际边界：比较优势非国家化了。换句话说，在旧全球化下，竞争主体的边界就是国家的边界，比如德产汽车与日产汽车之间的竞争。而在新全球化下，竞争主体的边界是跨国生产网络之间的边界——我们称为"全球价值链"，简称 GVCs（Global Value Chains）。因此，从国家的角度考虑，新全球化并不在于加强各国自身原有的竞争优势，而是改变了各国的竞争优势。这一点可以用一家向日本出口车辆零部件的越南公司的例子来说明。

越南供应商 A 是一家国有公司，从 1998 年就开始生产农业机器和零部件。这家公司"有优质的劳动力，但是缺乏管理技术"。[3]该公司在 20 世纪 90 年代与本田公司合作后进步显著。作为本田分包网络的一部分，本田从日本派遣工程师到越南，提供生产管理知识，转让技术，以此来帮助该公司建立日本式生产模式。

生产能力和产品质量得到提升后，公司开始收到更多海外客户的订单，尤其是摩托车零部件的订单。虽然公司 80％的销售额来自本田，但它与其他日本摩托车产商也建立起了分包关系。

我们想想这里发生了什么。在本田的全球价值链触及越南之前，越南在机器和零部件生产上的比较优势主要来自越南的国家特性——它的劳动力、管理和技术。之后，越南的竞争力则取决于混合了别国特性的本国特性——在这个例子中，是日本的管理知识和越南劳动力的结合。

简而言之，第二次解绑并没有强化越南原有的比较优势，而是改变了越南的比较优势，它将越南从摩托车零部件的进口国转变为出口国。这种反转源于日本比较优势的要素（知识）跨越了国境与越南比较优势的要素（低成本劳动力）结合在了一起。

本田公司的竞争力在这个过程中也得到了提升。本田在与老对手德国宝马的竞争中因此而保持了优势地位。此时的宝马公司已经开始向印度外包零部件的生产了。由于离岸生产必然伴随技术转移,越南和印度的公司就分别转变为本田和宝马的零部件供应商,竞争的地理意涵由此也发生了变化:竞争不再是日本与德国之间的竞争,而本田引领的全球价值链和宝马引领的全球价值链之间的竞争。

自 19 世纪早期起,比较优势一直是理解全球化的核心工具。然而,离岸生产的推进使得通常我们所习惯的比较优势准则不再适用。这一改变意义深远,它有助于我们回答三个极其重要的问题:哪些产品该由哪些国家出口? 谁能从贸易中获益? 以及一个国家竞争力的变化对其他国家有怎样的影响? 这里我们先研究"谁能从贸易中获益"这一问题。

"参与国都能从全球化中获利"这一结论不再一定成立

当比较优势定义在国家层面时,所有参与贸易的国家都会从自由贸易中获益。尽管一个国家中的某些人可能遭受损失,但同时有另一些人能够从中获益。总体而言,一国所获益处必然比所受损失更大(第 6 章将更细致地讨论这一点)。如果政府能够有效地在其公民间进行收益和损失的再分配,那么所有人都能从贸易中获利。这是全球化第一次解绑的标准剧本。

这种多赢的结果基于简单而有力的逻辑。贸易让每个国家能更有效地利用它们有限的资源。事实上,我们可以把贸易看作一种神奇的工具,这种工具能将瑞士出口的银行服务(瑞士擅长银行服务)变为进口的香蕉(瑞士不适宜生产香蕉)。有了国际贸易的帮助,瑞士可以在银行服务生产上更多地投入资源,而不是把资源浪费在香蕉生产上。这样瑞士就能更有效地利用它的资源。

就像绪论里足球俱乐部的类比一样，比较优势国际边界的重绘改变了"多赢"逻辑。事实上，当比较优势的要素跨越国家边界时，并非所有国家都能够确定地从中获利。原因非常简单，如果某个国家的企业，比如说奥地利的一家公司把技术向国外转移，从而使该国出口面对的国外竞争提升时，那么奥地利自己的企业就会遭受损失。

许多人多次阐明了这一点——其中最著名的是诺贝尔奖获得者保罗·萨缪尔森（Paul Samuelson）。在他 2004 年的文章《李嘉图和穆勒会同意或者不同意主流经济学家们关于全球化的哪些观点》（Where Ricardo and Mill Rebut and Confirm Argument of Mainstream Economists Supporting Globalization）中，萨缪尔森明确指出，"如果中国的一些创新使中国获得原属于美国的比较优势，那么美国的人均实际收入就可能降低"。当然萨缪尔森并没有明确把"中国的创新"与第二次解绑联系起来——这只是我的推断。萨缪尔森只是指出，如果别人在你所擅长的事情上变得更加擅长，那么新的竞争就可能给你带来损失。[4]

接下来的推理将表明新全球化确实可能会影响到各国的竞争力。

国家竞争力

生产过程的国际化提升了北方企业的竞争力。毕竟，这种国际化的初始动力就是降低生产成本。降低的成本可能带来价格的降低或者质量的提高，或者二者兼有，但是不管怎样，进行离岸生产的企业一定比不这么做更有竞争力。考虑一下这对别的发达国家的企业竞争力意味着什么。

举个例子，假设丰田可以将劳动密集型任务离岸出去，但是菲亚特不能。离岸生产提高了丰田的竞争力，这显然意味着对菲亚特竞争力的损害。丰田的离岸生产可能会带来日本企业就业的损失,但是由于离岸生产使得丰田在与菲亚特的竞争中更具优势,它也意味着某些制造工作更有可能留在日本,而不是意大利。

让我们把这个例子提升到国家层面。显然,生产的去国家化可能会改变第三国的比较优势。事实上,这恰恰可以看作是前述萨缪尔森观点的一个应用:如果一个国家在别国曾经擅长的事情上变得非常有竞争力,那么这会带来什么后果?

我们将在第 8 章中详细阐述这些变化的政策含义。在这里我们可以看到一个非常明显的政策含义,那就是,当其他发达国家拥抱全球化时,试图抵制第二次解绑不仅无用,甚至可能会适得其反。如果一个发达国家试图阻止生产的国际重组,那么它可能会发现,这种抵制只会让它更快地去工业化,而不会减缓它去工业化的速度。

竞争力"溢出"也会影响到发展中国家。举例而言,假设中国充分拥抱全球价值链革命,因此,中国的劳动力和日本的技术结合在一起制造产品,比如电动机。与之相反,巴西没有参与到新型国际生产中,它使用自己的技术和劳动力生产电动机。这样的结果是,巴西的电动机制造商只能艰难面对中国出口商的竞争,毕竟高科技和廉价劳动力的组合比低技术和廉价劳动力的组合更优。对发展中国家而言,这个例子的政策含义就是,一国如果试图抵制全球价值链的趋势,那么这样的政策只会损害而不会促进它的工业化进程。第 9 章将更详细阐述这些观点。

21 世纪贸易

如图 5.1 所示,生产过程国际重组的一个最显著影响是其对国际贸易的影响。或许更确切地应该称其为对"国际商业"的影响,因为现在的国际贸易不再仅仅局限于产成品的贸易。换句话说,当生产的过程开始跨越国界,国际商业的本质也就发生了根本变化。尽管这种新型跨境商业的每一个元素都有更为精确的术语表达,但简单起见我们还是可以将它称作"21世纪贸易"。这个名称自然也暗示它与之前贸易形式的不同。

20世纪的贸易形式基本上是一国制造商品,然后卖给别国的消费者。在第二次解绑之前,生产以图5.1左图所示的方式组织。出口的产品可以被概念化理解为一国生产要素组合的出口。这里的生产要素包括技术、社会资本、治理能力,等等。所有隐藏在生产中的要素都悄悄地跨越了边境,因为它们都被组合在了出口的产品中。当然对于海关的官员而言,他们只关心哪些产品跨越了边境。

这样的20世纪贸易今天仍然存在,原材料和许多农产品的出口就还是保持这国产那国销的模式。事实上,即使在许多已经很普遍被解绑的部门,比如机械设备制造部门,对像美国和德国这样的主要出口国家,它们产品的增加值90%还是主要来自国内。

然而,由于生产组织形式的改变,当今国际贸易中最为动态的部分则比20世纪贸易更为纠缠复杂。具体而言,21世纪贸易反映的是以下几个方面的相互交缠:

● 零部件贸易;

● 生产设备、人员和知识的跨国流动;

● 用于协调分散生产的服务,特别是诸如电信、互联网、快递、航空货运、贸易相关金融、海关清关、贸易融资等基础服务。

因此,21世纪贸易的两个关键就在于:(1)国际商业变得更为多面——它意味着产品、服务、知识产权、资本和人才的流动;(2)这些要素的流动紧密地纠缠在一起,它们有着同样的驱动力。这两个关键点对国际贸易政策有着重要的影响,这些将在第8章和第9章中详细讨论。

北南贸易

某种意义上,21世纪贸易也没有什么新东西,毕竟"生产跨境"在北美和西欧早就非常普遍。比如,1957年《罗马条约》和1965年《美加汽车贸易协定》的签订就是为了促进国家间在产成品贸易之外有更深层次的经济一体化,它们的目标就是促进今天所谓的"全球价值链"的发展。

新全球化中真正"新"的东西,是生产现在跨越了南北方国家的国界,而不仅仅只在北方国家间跨界。过去几十年内G7国家间纠缠复杂的产品流、服务流、人员流、知识流和投资流,如今成了北南贸易关系的重要特征。不过,这里还需要注意一个重要的微妙之处。

对于发展中国家的出口商来说,这些新型要素流动是一场革命,而对于发达国家的出口商而言却只能算是一种演进。技术上,第二次解绑协调成本的下降对发达和发展中国家是对称的。毕竟,技术进步本身既允许知识从发达国家流向发展中国家,又允许从发展中国家流向发达国家。然而,这种对称的技术进步造成的结果却一点也不对称。这里有两个很不一样的原因。

第一,在第二次解绑开始兴起时,发达国家中知识型劳动力所占的比率远高于发展中国家。虽然在20世纪70年代,伴随着新兴工业化经济体(新加坡、中国台湾、韩国、中国香港)的发展,南北方国家间出现一些趋同,但G7国家及其他高科技国家的知识型劳动力的比率仍然远超别的国家。这一点很重要,因为它解释了为什么当知识流动变得更容易时,它在发达国家和发展中国家之间的流动会非常不对称。知识像洪水般从北方涌向南方,而从南方流向北方的连细流也算不上。

第二,国际协调生产的能力得到提高。这一进步使得生产更加依赖于进口的零部件和服务。当然这种依赖也是不对称的。发展中国家的出口得到革命性的增长，而 G7 国家的出口则只得到一点点提升。前面已经提到，零部件贸易并不新鲜，只不过在第二次解绑之前，这种贸易还很不平衡。之前，G7 国家会向其他 G7 国家或发展中国家出口零部件，而在第二次解绑之后，发展中国家则第一次实现了向 G7 国家或者向其他发展中国家出口零部件。

通常来说，发展中国家的制造商很难找到购买他们生产的零部件的国外客户，因为对于 G7 国家的企业来说，确认这些零部件产品的质量和可靠性的成本很高，有些情况下甚至根本没法确认。而如果由 G7 国家企业自己运营或密切监督发展中国家企业的生产的话，情形就不一样了。在之前介绍的案例中，本田能够信任越南企业生产的零部件，因为本田公司直接参与了这些零部件的生产。

这样，第二次解绑就像一次不对称的贸易开放。它大大地提高了发展中国家出口零部件的可能，而对发达国家的企业而言，出口零部件的机会却没有增加多少。

图 5.2 展示了一个例子，这个例子比较了"南方"和"北方"的出口情况。图中，南方由 I6 国家来代表。北方由 G7 国家中三个主要国家，即美国、德国和日本来代表。图表主要关注汽车产成品和汽车零部件。选用这个行业是因为在这个行业中产成品和零部件的界限比较分明。图中每一个柱代表对应产品在横坐标标明的两年中出口价值比值。例如，图中的第一个柱（值为 1.0）代表 I6 国家 1988 年的汽车出口值除以其在 1998 年的汽车出口值为 1。

图 5.2 说明的第一个事实是，I6 国家的汽车零部件出口在 1988—1998 年和 1998—2008 年两个时期都呈现了爆炸式增长，远远超过这些国家汽车产成品的出口增长。在第二次解绑的早期，也就

出口值比值

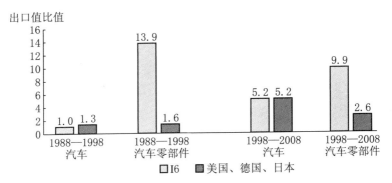

图 5.2　第二次解绑极大地刺激了发展中国家的零部件出口

　　全球化不对称地刺激了汽车产成品和汽车零部件的国际贸易。这一结果似乎表明发展中国家出口零部件的贸易障碍得到了大幅的降低。

　　让我们首先关注发展中国家(这里由 I6 国家代表,即中国、印度、韩国、波兰、印度尼西亚和泰国)的出口表现。在第一个时期,即 1988—1998 年,I6 国家的零部件出口激增,而汽车出口则增长乏力。在第二个时期,即 1998—2008 年,二者的出口都得到大幅提升,不过零部件的出口增长了 8.7 倍,而汽车的出口则"仅"增加了 5.5 倍。相较之下,发达国家(以美国、德国、日本为代表)在这两类产品上的出口增长较为接近。在第一个时期,汽车和零部件的出口分别增长了 1.3 倍和 1.6 倍。在第二个时期则分别增长了 1.9 倍和 2.6 倍。

　　这表明信息与通信技术革命及伴随的政策变化对贸易的影响在两个维度上并不对称。首先,它更多地促进零部件的出口而不是产成品的出口。其次,它更多地推动南方的零部件出口,而不是北方。

　　注:图中数据为汽车产成品和汽车零部件数据;柱状图数值表示对应产品在横坐标标明的两年出口价值之比(例如,图中第一个柱表示 1998 年 I6 国家汽车出口值除以 1988 年汽车出口值得到的比值)。

　　资料来源:世界贸易整合解决方案(WITS)数据库。

是 1988—1998 年,I6 国家汽车零部件出口增长了 11.7 倍,而汽车出口则基本没变。这与北方国家的出口表现呈现鲜明的对比。北方国家的汽车出口增长了 1.3 倍,而零部件出口仅增长了 1.6 倍。在第二个时期,即 1998—2008 年,情况也类似,不过此时 I6 国家的汽车出口也得到了大幅的上升。*

――――――――――

　　*　原文正文中的数字与图 5.2 中的数字有一定出入。——译者注

价值向服务转移：微笑曲线和服务化

生产组织方式的国际重组也在产品层面改变了制造业。这可以用所谓的"微笑曲线"来说明。

微笑曲线的逻辑在 20 世纪 90 年代早期由宏碁(Acer)创始人兼 CEO 施振荣(Stan Shih)提出。这一逻辑强调制造业产品中的增加值分布正在向服务转移，即产品价值中有越来越高的比例来自服务，而越来越少的比例来自制造活动本身。换句话说，很多第二次解绑之前制造阶段的价值如今被转移给了制造前或制造后的服务。

这一逻辑在亚洲为政策制定者和企业家们广泛接受。该逻辑可以表现为微笑曲线中"微笑"的"深化"(图 5.3)。这种"微笑深化"在快速工业化的发展中国家中引起广泛的焦虑。这些国家担心它们获得的是"低质"的工作，即增加值低的工作，而"优质"的工作仍然留在了北方国家。

苹果(Apple)是一个很好的例子。1980 年，苹果开始在得克萨斯和爱尔兰制造它标志性的产品：苹果二代电脑。很快苹果就把电脑里电路板的生产转移到了它在新加坡的一家工厂。此后苹果在美国建设了新的生产设施，雇用了更多的工人。这种情况持续至 20 世纪 90 年代中期。从 1996 年开始，苹果把更多的制造工作转移到美国以外。2004 年，美国最后一家苹果制造工厂关停。苹果公司就此从其产品的制造中完全地退了出来。

如今，大多数的苹果产品在加利福尼亚州设计。苹果公司主要处理市场营销、分销、售后服务和其他附加服务。这些工作通过苹果应用程序商店和 iTunes 等完成。产品的制造通过合同外包，由富士康等独立公司在中国组织进行。在亚洲的政策制定者看来，这种模

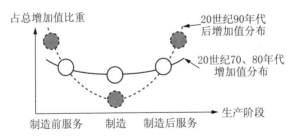

图 5.3　微笑曲线：第二次解绑改变价值链内增加值分布

　　微笑曲线提供给我们一种简洁直观的方式展现新全球化给产品带来的一些变化。本图展示了一个典型的价值链构成。这里价值链主要分成三个阶段：制造前服务阶段（如设计、金融服务和组织服务等），制造阶段（工厂里完成的工作）和制造后服务阶段（如营销、售后服务等）。

　　本图展示了这样一个趋势，即价值链中的制造阶段被转移到低成本的发展中国家离岸生产，这一阶段所占的价值比例逐渐降低。相对应地，制造前后服务的价值比例上升。与制造阶段不同，这些服务阶段的工作一般被留在了 G7 国家。

　　微笑曲线的逻辑也能够体现所谓的"制造服务化"。"制造服务化"指在产品的总增加值中来自制造部门（制造阶段）的增加值下降，而来自服务部门的增加值上升。

　　资料来源：Baldwin,"Global Supply Chains：Why They Emerged, Why They Matter, and Where They Are Going," Centre for Economic Policy Research, Discussion Paper No.9103, August 2012. Figure 18。

式很可能是将低质、低增加值工作转移到了亚洲，而将优质、高增加值的工作留在了美国。

第二次解绑和微笑曲线

　　在第二次解绑之前，图 5.3 所示的三个增加值阶段都在 G7 国家中进行。因此，这三个阶段的生产都由 G7 国家的高端技术结合这些国家的优质劳动力来完成。现在，生产过程解绑，类似苹果这样的 G7 国家企业把制造阶段离岸。由于离岸工厂主要由 G7 国家提供技术，货物流动的成本又低，因此，生产工厂的选址就变得不是太重要。换句话说，全球价值链革命使得制造过程商品化了。最终，离岸生产降低了制造阶段的成本，也因此降低了该阶段在产品中的增加值。

一些读者可能会觉得这个说法混淆了价值和成本，就像一句俗话说："经济学家知道所有事物的价格，却不知道任何事物的价值。"这句话从字面上看没什么错。但是，在市场经济中价值就是价格。因此，当制造阶段的价格（成本）降低时，它在总增加值中的份额也会下降。

当然，新全球化也不一定是微笑曲线深化的唯一解释。我们需要进行更多的研究以确证两者之间的关系。相比于产品层面，我们更容易在经济体层面获得新全球化对微笑曲线深化影响的证据。要做到这一点，我们需要将关注点从施振荣的产品层面微笑曲线转向经济体层面的微笑曲线。

服务化与经济体层面的微笑曲线

微笑曲线概念的提出并非基于系统性的证据。获得这样的证据其实很难，因为价值链概念在产品层面，而可获得数据则主要在经济体层面。除了极少例外，经济统计数据一般统计在企业或行业层面，而不能深入到产品层面。因此，现在除了个别案例能够展示微笑曲线的逻辑，支持这一逻辑的统计证据尚不可获得，因为数据还不能够支持我们在产品层面计算增加值发生的阶段。

不过这里也不仅仅是数据获得的问题。真正的挑战是，在经济体层面，价值链的概念很模糊。企业的价值链交叉重叠，一家企业的上游环节又是另一家企业的下游环节。

为了用经济体层面的数据来理解微笑曲线的概念，这一概念需要进行一点微调。如图 5.3 所示，我们关注出口产品中的每一部分增加值来自哪个行业，而不去详查它来自哪个生产阶段。这种操作其实很简单，我们用日本出口的电风扇来说明。风扇生产需要用到一些初级产品投入（比如导线用的铜、塑料外壳用的石油、钢架用的铁矿石),也需要用到服务行业投入(如设计、运输和零售等服务)。最重要的是,风扇生产也用到了制造业生产出来的投入品,这部分投入占了风扇总价值的绝大部分。

为了计算经济体层面的微笑曲线,也就是计算出口产品中每个行业贡献的增加值,我们可以使用一种类似于第 3 章中介绍的计算 OECD 国家总出口/净出口的技巧。每个国家的每个行业可以分解为三个指标:来自初级产品部门、制造业部门和服务部门的增加值变化。

以 1995—2005 年的日本为例(那时第二次解绑正在快速发展)。计算结果表明,日本出口产品中初级产品部门的增加值贡献几乎没有增长,制造业部门增加值所占份额变化为 -12%,即增加值中制造业贡献的份额在 1995—2005 年间下降了 12%。理论上,三个部门间的增加值变化总和为零。因此,由于初级产品部门的贡献没有什么变化,制造业部门增加值份额的下降意味着服务业部门增加值份额的提升。

日本的数据支持了微笑曲线的逻辑。如果用横轴表示初级产品部门、制造业部门和服务业部门,而用纵轴表示增加值份额变化,那么日本的数据看起来还真有点像微笑曲线,或者更确切地说是"得意地笑",因为只有一个嘴角向上(见图 5.4)。有趣的是,对其他 8 个可以进行类似计算的东亚国家(地区),数据也显示出类似的结果。

图 5.4 的上图展示了日本、泰国、中国、韩国、菲律宾、中国台湾、印度尼西亚和马来西亚的结果。所有这些国家和地区的数据都呈现"得意微笑"的形式,即制造业部门的增加值份额降低,而服务业部门的增加值份额升高。

图 5.4 的下图显示在 1985—1995 年间,情况则有些不同。在这一时期,制造业部门的增加值份额有所增长,且这些增长主要得自初

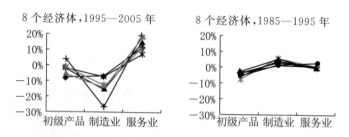

图 5.4 1995—2005 年间与 1985—1995 年间各经济体微笑曲线对比

本图上图显示,1995 年后的 10 年中,许多亚洲经济体制造业部门的增加值份额有较大的下降。由于这一阶段初级产品部门的增加值份额没有明显变化,因此,制造业增加值份额下降的部分被服务业所获取。

这一变化可能有许多原因,但这一变化的方向确实与国际生产网络——或称全球价值链(GVCs)——的兴起相一致。第二次解绑带来离岸生产(或称全球价值链革命),这往往会降低产品生产在制造阶段的成本。原因很简单,离岸生产就是为了通过离岸这些阶段的生产从而降低成本。给定增加值的计算方法(即各个阶段的增加值就是支付给该阶段所使用的生产要素的报酬),任何降低制造部门投入成本的因素都直接降低了制造部门的增加值贡献。这构成图中 8 个经济体制造业部门增加值份额降低的部分原因。同时,由于离岸生产对于降低服务业部门的投入影响较小(这些投入包括发明、设计、运输、沟通,以及批发零售服务),各经济体出口品中服务业部门的增加值份额就得到了提升。

有趣的是,1985—1995 年间增加值份额的变化模式与此完全不同(本图下图)。在这个阶段,制造部门和服务部门的增加值份额都有所提升,特别是制造部门。这些份额的提升都得自初级产品部门增加值份额的下降。这一阶段的变化说明微笑曲线其实是最近才出现的现象。

资料来源:改编自 Richard Baldwin, Tadashi Ito, and Hitoshi Sato, "Portrait of Factory Asia: Production Network in Asia and Its Implication for Growth—The 'Smile Curve,'" Joint Research Program Series 159, Institute of Developing Economies, Japan External Trade Organization, February 2014, http://www.ide.go.jp/English/Publish/Download/Jrp/pdf/159.pdf。

级产品部门增加值份额的降低。从 1985—1995 年间结果向 1995—2005 年间结果的转变似乎暗示着增加值分布的巨大变化可能与新全球化有所关联。

对图 5.4 的一种理解是,制造"服务化"了。这一趋势最早在瑞典国家贸易委员会 2010 年的报告《瑞典制造的服务化》(Servicification of Swedish Manufacturing)中提出。[5]制造服务化可能部分由于新全球化引起，它对各国政府的政策有着——或者应该有——革命性的意义。

全球各国政府，特别是亚洲国家的政府，往往会通过大量投资促进工业化，从而拉动经济增长。在这个过程中，这些政府自然而然地把制造与工厂等同为一。现在制造服务化模糊了制造和服务的边界，因此将严重地影响这些产业促进政策。比如，制造服务化意味着一国制造业出口的竞争力将更加依赖于本土服务或进口服务的可获得性。如果各国政府仍然采用过去的政策，一边要促进制造业出口，一边又不放开服务进口，这样的政策可能完全于事无补。我们将在第 8 章和第 9 章对这一问题进行更详细的探讨。

新的赢家与输家

新全球化有两个核心特点，第一个特点是生产解绑使得南北国家可以共同生产，第二个特点是随着离岸生产产生了知识的不对称流动。这两个特点改变了全球化影响各国经济的方式。接下来我们将介绍这些新全球化的特点，让我们首先从"谁获益、谁受损"这一问题开始讲起。

还记得在绪论中，我们把新全球化类比于两个足球队的故事吗？这个故事应该已经能够说明新全球化将改变全球化里获益与受损的群体。

第二次解绑之前，国家可以被理解成是一支带领着国内各种生产要素进行国际竞争的队伍。贸易自由化后，各个国家专业化于它们相对更擅长的工作。这就会使得一些部门扩张而另一些部门收缩。在不同部门中工作的生产要素由此受到不同的影响。

为了具象化这一逻辑，让我们设想一个发达国家和一个发展中国家进行国际贸易。发达国家拥有更多的高技能劳动力和发达的科技，而发展中国家拥有更多的低技能劳动力。旧全球化的推进使得发达国家专业化于生产更多使用高科技和高技能劳动力的产品。发展中国家则减少生产这样的产品。这种专业化进程会提高技术和高技能劳动力在发达国家的回报。相应地，旧全球化使得发展中国家专业化于更多使用低技能劳动力的产品，因此发展中国家里低技能劳动力获得的报酬得到提升。同时由于发展中国家把低技能密集的产品向发达国家出口，发达国家的低技能劳动力获得的报酬就会降低。

20世纪80年代的全球化基本上可以用上面这个故事描述。富裕国家的高技能劳动力获益，低技能劳动力受损。两类生产要素获益还是受损取决于在贸易中生产要素所在的部门是增加了出口，还是增加了进口。这个故事在第二次解绑（新全球化）后则不再适用。

新全球化下，富裕国家的知识会流向贫穷国家。这种知识流动将产生什么影响？在思考这个问题之前，我们有必要了解一个事实，那就是知识相比于劳动力或其他生产要素有一个很大的不同。一个国家的知识，就像足球队例子里的教练一样，可以被两个国家同时使用。这就是经济学中所谓的"非竞争性"要素。

由于知识的非竞争性，第二次解绑首先意味着富裕国家知识的拥有者将获益，因为他们的知识现在可以和两个国家的劳动力同时结合。由于大多数的价值链生产由G7国家的企业来组织，这就预示着新全球化将特别有利于G7国家中那些能够充分抓住离岸生产机会的企业。现实世界中，富裕国家的高科技大企业，特别是从事离岸生产的企业，获得了超高的回报。斯坦福大学经济学家鲍勃·霍尔（Bob Hall）的计算表明，[6]1990年以来，美国的投资回报相比于其成本上升显著，达到了历史最高点。

当然，知识流动的影响并不止于此。新的知识使发展中国家的低技能劳动力的生产力得到提升,这直接激发了工业生产对这类工人的需求。劳动力从农业部门转移到了工业部门,他们的收入也得以提升。现实中,正如本书第 3 章所示,20 世纪 90 年代以来,近 6.5 亿发展中国家的人口摆脱了赤贫状态。这些人中的大部分来自那些参与全球价值链的发展中国家。需要注意的是,新全球化能产生这样的影响,原因来自它的两个特点:一是知识的跨国流动,二是由此导致的货物贸易。这是新全球化的一个"新"之所在。

对发达国家而言,新全球化的影响像过去一样仍然主要体现为进口竞争的加剧。具体而言,全球价值链的发展提升了低技能密集部门产品的产出,由此导致发达国家更多地进口这些产品。这就会损害发达国家中低技能劳动力的利益。在大多数发达国家,这样的影响都有发生。不过,与之伴随的还有一个更为微妙的结果。

布兰科·米兰诺维奇(Branko Milanovic)在 2016 年出版了一本出色的研究著作——《全球性不平等:全球化时代的新方法》(*Global Inequality: A New Approach for the Age of Globalization*)。这一研究致力于观察从全球的视角而言,谁是"新的赢家与输家"。他把全球所有人的数据混在一起,忽略他们的国籍而把所有人由穷至富逐个排列。为了研究的方便,全球所有人按照收入等级被分成 20 个小组。比如,图 5.5 中第一个点代表 1988 年全球前 5% 最穷的个体,后面的点代表的人群收入依次逐渐提高(每组占总人口数的 5%)。

这样分组的目的在于考察每个人群的收入在 1988—2008 年间发生了怎样的变化。这一研究时段的起点恰好在第二次解绑之前。从图 5.5 中,我们得到的第一个结论是新全球化对全球收入分配的影响很不均衡。图中间位置的峰形表明位于全球收入中位数附近的人群表现良好,最富有的人群的收入也增长不少(图中最右边的点)。与之相反,最贫困的人群收入增长有限,那些位于富裕国家收入底端

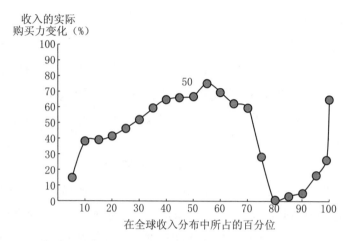

图 5.5 "大象曲线":全球的中产阶层和发达国家的精英阶层从第二次解绑中获益

　　本图展示第二次解绑前(更准确地说是 1988 年)的全球不同收入水平人群的收入变化情况。横轴表示特定人群在 1988 年全球收入分布中所处的百分位。例如,在 1998 年的全球收入中排在中位数的人群由横轴坐标点为"50"的点表示(50 代表第 50 个百分位)。中位数人群对应的纵坐标值为 70,表示这一人群的收入在 1988—2008 年间上涨了 70%左右。

　　资料来源:Branko Milanovic, *Global Inequality*: *A New Approach for the Age of Globalization*(Cambridge: Harvard University Press, 2016), Figure 1.1,转载经出版商和作者许可。

的群体收入增长也很有限(这一群体在全球收入分布中大约处于第 80 个百分点处)。

　　尽管为了得到更确切的结论我们还需要进行更多的研究,但图 5.5 显示的结果显然与 G7 国家企业"培训"发展中国家工人,G7 国家中低等技能工人面对更多竞争等现实相一致。中间收入群体从新全球化中获益,其获益主要由于以下两个原因中的一个:他们要么来自 I6 国家,要么来自初级产品出口增长从而收入增长的国家。全球精英也从新全球化中获益,这是由于全球价值链革命、信息与通信技术革命使他们能将拥有的知识推销给更广泛的受众。底层收入人群(图中最左边的点)受损,他们就像"足球队"例子中的那些没能受到最好教练训练的球队,他们的竞争者(I6)都得到了更好的"训练",而他们却没有得到这样的机会。

劳动力极化

信息技术的进步使得生产任务和职业的匹配发生了变化。具体而言,某些原本低技能密集的生产任务现在可能变成对技能要求较高的职业。比如,信息技术进步带来生产自动化,生产自动化进程会削减很多工作,但那些留下来继续工作的劳动力却变得更有效率,也具有更高的技能。因此,信息技术进步往往使 G7 国家中技能最高的人群受益,使低技能的人群受损,因为这些低技能人群的工作现在可以被机器完成。

与信息技术的进步不同,通信技术的进步使得更多生产阶段可以被离岸生产,这些生产阶段往往是那些需要使用大量人工的简单制造或装配工作。在美国、欧洲和日本进行这些工作的工人很少是最底端的"1%"人群,他们一般是收入处于中等水平的蓝领工人。真正位于收入和技能最底端的人群,比如清洁工、麦当劳的烤汉堡厨师和类似的人群并没有受到离岸生产的直接影响,因为他们提供的服务只能来自本国本地。

把全球化对这三类人——高技能、中等技能和低技能人群——的影响综合起来,一种被称为"空心化"或"极化"的效应就显现了出来。位于技能级别图谱高端的工人获益,位于技能级别图谱底端的工人维持现状,而位于技能级别图谱中间的劳动力则受到离岸生产的威胁。

截至目前,我们的讨论主要关注于新全球化的技术转移特点,以及由北向南的知识流动。接下来我们将考虑新全球化一般影响的一些特点。

更广的全球化

新全球化发生在一个更高的"分辨率"水平上（深入行业，发生在生产阶段层面），这一变化使得全球化的性质发生了根本的改变。在讨论这些变化的意义之前，图 5.6 首先展示了新全球化更高"分辨率"的特点。

图 5.6 上图表现了在第二次解绑之前国际竞争如何影响经济体。图中宽箭头代表"国际竞争"，它在产品层面对经济体产生影响，因为在这个时期全球化意味着产品的跨国流动。产品市场是国际竞争影响经济体的唯一渠道。当然这个时期也有资本、知识产权、服务等的跨国流动，但是这些流动相对于商品贸易来说处于次要地位。由于商品贸易是国际竞争的主要载体，自由贸易只能从产业层面影响各国经济。比如，美国的汽车产业在 20 世纪 80 年代遭到日本的强力打击，但是同期美国的谷物产业却十分繁荣。

第二次解绑使全球化在更深的层次上影响经济体。如图 5.6 下图所示，现在，代表国际竞争的宽箭头触及生产阶段（stage）和工作

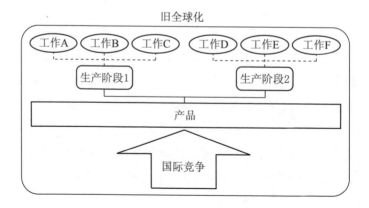

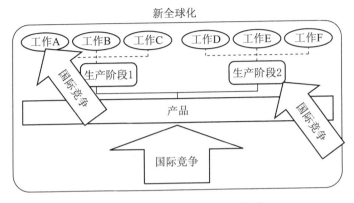

图 5.6 国际竞争的更高"分辨率"

在第二次解绑之前,企业可以被看作是"黑匣子",这是因为国际竞争是国家与国家间在产品上的竞争,如图 5.6 上图所示。国际贸易为一部分企业带来更多财富,而同时也阻塞了另外一些企业的财路,因此,企业是分析这个时期国际竞争的最细分层面。由于同一行业的企业往往同时发展或者一起衰落,因此有关全球化的分析往往可以聚焦在行业层面。例如,全球化会损害 G7 国家的低技能、劳动密集型产业而有利于其高技术、高技能产业。由于整个产业的收益往往更多地分配于该产业使用的最密集的生产要素,因此对全球化的研究往往也可以聚焦于不同技能劳动力层面(这一点没有在上图中展示)。

第二次解绑使得国际竞争直接传导至更高的"分辨率"水平(下图)。现在,国际竞争直接进入工厂内部,帮助或是损害某个特定生产阶段,甚至某个特定的工作。受到影响的生产工作可能存在于许多个行业。比如,一个国家有竞争力的行业和没有竞争力的行业都可能会将数据输入的任务离岸出去。新全球化的这一特性使得在行业层面或者在劳动力技能等级层面分析谁受益谁受损变得没有什么意义。

资料来源:改编自 Richard Baldwin,"Globalization:the Great Unbundling(s)",论文为芬兰总理办公室准备,2006 年 9 月 20 日。

(job)。这就是所谓的"更高分辨率"。

图 5.6 的这种表现形式使国际竞争看起来像是一种威胁。但实际上国际竞争的影响有两个方向。一些生产阶段和工作由于外国的竞争而受到伤害,但是该国最有竞争力的生产阶段和工作则由于更自由的国际竞争从而得到更多击败外国竞争者的机会。从事这些生产阶段或工作的人群以此得以从全球化过程中获益。

图 5.6 展示的变化对理解"新全球化新在何处"这一问题有几个

方面的意义。第一个意义可能可以称为全球化影响的个体性。

全球化：更为个体化的影响

旧全球化在产业层面上产生影响，从而影响产业内的工人。如前所述，如果某个产业的生产和出口得到扩大，那么该产业密集使用的生产要素报酬也就得到提升。例如，在大多数 G7 国家中，全球化使低技能劳动密集型产业萧条凋敝，所以低技能劳动力发现全球化对他们的福利产生负面的影响。同时，贸易开放提升了技术密集型产业的产出，从而高技能劳动力从全球化中获益。

相比旧全球化而言，20 世纪 80 年代开始兴起的北方—南方国家间离岸生产开始在更低的层次上影响发达经济体。通过生产过程的碎片化，新全球化将产业层面的竞争转变为生产阶段层面的竞争。某种意义上可以把这个过程理解为，发展中国家的低收入工人直接进入了发达国家的工厂和企业中与发达国家的工人进行竞争。

由此，全球化产生的影响变得更加个体化，或者说更具选择性。具体而言，离岸生产可以使某个产业中的某一特定类型工人获益，如果离岸生产使得这些工人所在的生产阶段变得更有竞争力。但是，在同一个企业中，如果拥有同样技能的同类工人恰好处在一个被离岸出去的生产阶段上，那这些工人就可能在新全球化中受损。

为了更好地说明这个观点，假设我们处在一个法国的医院。由于信息与通信技术的进步，某些过去必须在本地进行的医疗任务现在可以远程进行。例如，关节微创手术一般由医生看着电脑屏幕操作。当信息与通信技术发展到足够完善的程度时，病人和医生即使分别位于不同的国家也可以进行这样的手术。第一次远程的手术发生在 2001 年，一位纽约的外科医生为一名在斯特拉斯堡的病人做了手术。尽管这种远程微创手术还远未普及，但是当远程通信越来越进步和可靠时,远程手术可能就会像今天的远程呼叫中心一样普遍。

如果远程手术真的变得极其容易,那么法国最优秀的外科医生将变得非常忙碌。每个患有半月板撕裂的患者都希望由顶尖的专家治疗。不那么优秀的普通外科医生将不得不另寻出路。当然,新全球化影响的个体化并不局限于高技能领域。随着全球化的大潮,这家医院也可能将一些账单记录处理工作离岸出去,这会使一些低技能劳动力受损。与此同时,由于医院效率的提升,医疗服务借由互联网得以出口,一些低技能劳动力(比如清洁或安保等工作)的需求也会得到提升。

在这个例子中,外科医生可能获益也可能受损,低技能工人可能获益也可能受损。这样,在第一次解绑中的特定技能水平要素必然获益这种关联关系在第二次解绑中被打破。现在,国际竞争深入到个体,全球化影响的"分辨率"变得更高。

新全球化影响的个体化还有两个推论。首先,这会降低工会的议价能力。在大多数国家,工会往往建在行业或技能人群层面。现在的问题在于,个体化影响把"水""搅浑"了。当全球化使工会的一部分成员受益而另一部分成员受损时,工会应当做出怎样的反应?

第二个推论可以被称为"国家队的解散"。在 20 世纪 50 年代,通用汽车总裁查尔斯·埃尔文·威尔逊(Charles Erwin Wilson)说:"对美国有利的事情对通用汽车也有利,反之亦然"。这个时期尽管工人与企业互相角力,但在深层次上他们利益一致,属于同一队伍。这是由于产品的所有生产阶段被捆绑在一起,生产被打上国家的标志。

然而,第二次解绑打散了 G7 国家中工人和知识的利益共同体,国家的利益和企业的利益不再完全一致。由于企业可以将其拥有的知识运用于别的国家,对通用汽车有利的事情不再一定对美国有利。

在某种意义上，第二次解绑解散了"美国队"，美国的工人不再具有针对美国企业知识的准垄断地位。

新全球化的第二个"新"在于其变革的速度。

全球化：更为快速与突然

第一次解绑对全球各经济体有着巨大的影响。即便从晚至1945年开始计算，全球化对 G7 国家的影响仍然远超人们可以预想的程度。尽管这样，旧全球化以年计时，而非月或周。从第二次解绑开始，全球化的步伐明显加快。

造成这种情况的原因有很多。其中一个原因在于，离岸生产公司现在可以很好地克服许多原本阻碍制造业转移的瓶颈。有一个例子可以很好地说明这一点。

Border Assembly 公司是一家位于圣地亚哥的企业，它帮助美国企业将制造活动转移到墨西哥的蒂华纳（正好位于圣地亚哥对面的墨西哥一侧）。它的网站介绍了一家匿名的加利福尼亚家具和锻铁制品制造商的案例，这个制造商有大约 30 名员工，尽管它的产品卖得很好，但还是由于美国的劳动法和工人的高工资而挣扎在破产的边缘。

一家家具制造商与 Border Assembly 公司取得了联系，安排了一次会议，一周内决定将生产转移到墨西哥。Border Assembly 公司当天向该企业的管理人员展示了三座建筑，这家企业从中选择了一间 1 万平方英尺的厂房。接下来家具制造商提交了必要的法律、税务和会计文件，设定好工资和福利制度。十天内，这家企业就已经做好了在墨西哥生产的准备。

生产转移过程中比较困难的是在墨西哥的厂房中重新布线以安装企业生产所需的设备。企业通过引进发电机短期内解决了这个问题。网站上介绍道:"企业在 10 天内建好生产设施并开始运转。30
天内全部设施投入运行。这家家具制造商由此节约了之前一半的劳
动力成本,重获利润,并拥有了数名全球最好的金属制造技工……现
在这家企业正计划着把员工数扩大到 100 人。"7

在旧全球化时代,随着贸易成本和关税的下降,墨西哥家具制造
企业的竞争可能会使美国生产企业倒闭。但这个过程会比较缓慢。
墨西哥企业必须开发合适的产品,建立销售网络,改进生产过程以符
合美国客户的口味。就算这一切都很顺利,美国的生产企业也可能
需要几年才会退出市场。但在上述案例中,这家美国生产企业在一
个月内就退出了在美国的生产。更准确地说,它把市场营销、管理和
技术中的一部分转移到了墨西哥,生产也转移到了墨西哥。这只是
因为知识从美国流向墨西哥,并改变了墨西哥在家具制造中的比较
优势。在这个时代,全球化的影响极其突然与迅速。

接下来我们要讨论的可以被看作是之前讨论过的个体化影响的
拓展。

全球化:更加不可预测

旧全球化主要由商品贸易成本降低驱动,这种驱动的本质使得
它的影响在不同时期都大致相同。虽然石料的出口不同于鲜花的出
口,但是只要商品交易成本降低百分之一,不管是哪个产业,不管这
个下降是发生在 1980 年还是在 1985 年,它产生的影响都差不多。
因此,旧全球化对经济体的影响大体可以预测。

如果商品贸易成本在 1980 年的下降促进了某个国家的鲜花行
业,那么贸易成本在 1985 年的进一步降低也会同样有利于这个行
业。简而言之,因为竞争发生在产业层面,而且全球化意味着贸易成
本的降低,那么未来全球化中的赢家(输家)就应该和过去全球化中

的赢家（输家）是相同的产业。这种"过去可以作为未来的指导"的逻辑使得各国政府形成了"朝阳产业"和"夕阳产业"的概念。用李嘉图的说法，全球化的推进意味着一个国家会把资源从比较劣势的产业更多地转移到比较优势的产业。

当国家间的竞争从产业层面转到生产阶段的层面，过去的经验对于未来的指导作用就变得越来越不可靠。更准确地说，用来进行这些预测的传统思想模型忽略了全球化的最本质变化——现在的全球化不断地解绑工厂和办公室里的工作。无论是在"朝阳产业"还是在"夕阳产业"，总有一些生产阶段被离岸生产，而另外一些生产阶段没有被离岸。造成的结果是，新全球化的赢家和输家变得更加难以预测。

更大的困难在于预测接下来哪些生产阶段会被离岸。这一预测之所以困难是因为经济学家们本来就不知道绑定各个生产阶段的"黏合剂"究竟是什么。通信成本仅是黏合剂中的一小部分，黏合剂的其他部分可能来源于各个生产阶段的性质以及生产阶段之间的相互联系，这些都非常的复杂而且截至目前我们对它知之甚少。

这个问题的复杂性正是现实中存在大量专注于离岸生产咨询公司的一个原因。我们从这样的一所公司——QS咨询——网站上截取了一小段文字，它能够说明离岸生产决策的复杂性。QS咨询注意到许多企业都进行了离岸生产，但是很少有公司能够做到"深挖潜能、实现长期可持续的成长"。这家公司对这一现象的解释是，"知道所有可能的供货商，并从中选出最优的供货商，需要丰富的采购经验，也需要深入理解多种商业环境。提供多样视角，了解新兴趋势，对可能影响富有洞见，所有这些能力都至关重要。"[8]

我们可以从服装营销商优衣库的案例中一窥全球化影响的不可预测性。优衣库的事例告诉我们，在今天，把各国的比较优势混合并匹配已成为常态,这种混合匹配甚至可以在趋于衰落的产业中创造出有竞争力的企业。

根据传统的观点,低端服饰产业在日本这样的国家属于典型的夕阳产业。如果这个产业仍然是传统产成品贸易的模式,而且生产该产业的产品主要依靠一国自有资源的话,那么像服装这样的低技能劳动密集型产业在像日本这样的高收入国家就很难生存。毕竟,日本的比较优势在于高科技产业。贸易开放应该使日本更加远离服装业而转向高科技产业。

优衣库,这个目前亚洲最大的服装公司,恰好说明传统的思想模型用来预测新全球化结果越来越不准确。更确切地说,在第二次解绑之后,"男士内衣制造是低技能劳动密集型工作"这样的论断变得不那么确切。优衣库的"制造"已经不是工厂生产意义上的制造,因此它也不代表着日本在制造业的成功,而是代表日本服务业的成功。

首先,优衣库代表着市场研究服务的成功。优衣库在日本和纽约设有研发中心,负责在大街、商店以及客户中收集有关服装潮流和生活方式的信息。例如,优衣库的一个热销产品——"发热科技"材质内衣——就是优衣库市场知识与著名制造商东丽株式会社生产技术结合的产物。通过这种结合,优衣库生产出独特的、消费者喜爱的热卖产品。

优衣库也代表着协调服务、质量控制和物流服务的成功。优衣库公司并不直接生产任何产品。它使用大宗采购的形式低价从中国或别的地区购买高质量的产品。公司设有技术团队,或被称为工匠团队(Takumi)。这个团队与合作工厂一起工作,向合作厂商提供技术指导,分享经验,检查产品质量并控制生产进度等。

新全球化的最后一个特点有关信息与通信技术特性。

全球化：更难控制

新全球化的驱动力是信息与通信技术。由于这一驱动力自身的特性，全球化的进程越来越难以控制。新全球化影响的一个全新之处来自一个简单事实，那就是产品贸易成本的降低与思想交流成本的降低发生的方式完全不同。

贸易成本的降低来自关税的削减和运输技术的提升。所有关税削减决策和大部分基础设施建设决策都掌握在政府的手中。政府往往可以——事实上也经常——以较缓慢的速度推进这些决策，从而给本国的企业和工人以适应的时间。例如，每轮关贸总协定谈判的关税削减目标往往要用五到十年的时间逐步推进。

除了极少例外，运输技术的进步跟关税削减的过程一样，一般进展都比较平缓稳定。运输技术的提升需要大量的固定投资，这样体量的投资一般需要多年才能缓慢推进。超大集装箱货轮正在改变今天的航海运输，这些新货轮的引入也是一个逐步推进的过程。相比之下，21世纪信息与通信技术革命进程超快，结果也更乱。

很重要的一点是，信息与通信技术的发展很少掌握在政府的手里。关税削减的进程由日内瓦的外交官决定，而信息与通信技术进步则主要来自利润驱动的私人研发活动。虽然政府可以压制互联网和电信的扩张，但大多数政府不会这么做。换句话说，政府控制了旧全球化的闸门，而没有任何人能控制新全球化的闸门。

专栏5.1 新全球化新在哪里？

G7国家的企业把生产过程碎片化，并将部分生产阶段转移到邻近的低收入发展中国家。为了能够使跨国生产网络平稳运行，企业需要将它们的生产知识随生产阶段一起转移到这些发展中家。全球化的这两种变化,即生产的碎片化国际化和知识跨国的转移,对全球经济产生了巨大的影响。这些影响可以分成两类,第一类影响与国际竞争性质的变化相关。

第二次解绑重绘了国家间竞争的边界,它将比较优势去国家化。换句话说,G7国家竞争力的来源——例如优质的管理和营销知识——和发展中国家比较优势的来源——例如低成本劳动力——被混合并匹配。由于这种混合、匹配发生在全球价值链内部,国家的边界就不再是国家间竞争的前线。这意味着什么?

首先,技术边界的改变改变了"谁从全球化中获利"这一问题的答案。以往牢不可破的逻辑——"所有参与贸易的国家都会获益"——不再坚固。它也改变了不参与全球价值链国家所受的全球化影响。非常简单,那些试图依靠本国竞争力参与国际竞争的国家会发现,它们完全无法与那些积极参与全球价值链、混合匹配各国竞争力的国家匹敌。

新全球化也打散了G7国家内由高技能劳动力和高科技组成的"国家队"。例如,德国工人对于德国的制造技术不再拥有准垄断的地位,德国的企业现在可以轻而易举地把它们的技术应用于外国。

其次,技术边界的改变意味着商品、服务、投资和技术等原来只在G7国家内部流动的要素开始在国际间流动。这种新的贸易——让我们称它为"21世纪的贸易"——更加多面,各个方面间的连接也更为紧密。

第二类影响与新全球化的更高"分辨率"有关。

在新的跨国生产组织方式下,生产碎片化意味着国际竞争对经济体的影响发生在更低的生产阶段层面,甚至是生产任务层面,而不再是产业层面(旧全球化下的国际竞争发生在产业层面)。我们可以把这一现象称为新全球化的更高"分辨率"。由于新全球化的更高分辨率,全球化对各国经济体的影响更加难以预测、更个体化。最后,由于新全球化的驱动来自信息与通信技术的进步,新全球化的影响变得更为迅速,更不易被人为控制。

注释

1. 更多详情参见 Richard Baldwin and Javier Lopez-Gonzalez,"Supply-Chain Trade: A Portrait of Global Patterns and Several Testable Hypotheses," *World Economy* 38, no.11(2015):1682—1721, and the longer 2013 version circulated as NBER Working Paper 18957 in April 2013。

2. 同上。

3. 参见 Pham Truong Hoang,"Supporting Industries for Machinery Sector in Vietnam," chap. 5 in *Major Industries and Business Chances in CLMV Countries*, ed. Shuji Uchikawa, Bangkok Research Center Research Report No.2, Institute of Developing Economies, Japan External Trade Organization, 2009, http://www.ide.go.jp/English/Publish/Download/Brc/pdf/02_ch5.pdf。

4. Paul A. Samuelson,"Where Ricardo and Mill Rebut and Confirm Arguments of Mainstream Economists Supporting Globalization," *Journal of Economic Perspectives* 18, no.3(2004):135—146.

5. National Board of Trade,"Made in Sweden? A New Perspective on the Relationship between Sweden's Exports and Imports," Stockholm, Sweden, 2011.

6. Robert Hall,"Macroeconomics of Persistent Slumps," in *Handbook of Macroeconomics*, vol.2B, ed. John Taylor and Harald Uhlig(North Holland: Elsevier, 2016), http://web.stanford.edu/~rehall/HBC042315.pdf.

7. 更多详情参见 Border Assembly Inc. at http://www.borderassembly.com/maquiladoras.html。

8. 更多详情参见 QS Advisory at http://qsadvisory.com/。

第三部分

理解全球变化

刘易斯·卡罗尔(Lewis Carroll)作品中最精彩荒诞的角色之一,米因·赫尔(Mein Herr),吹嘘自己将地图的制作水平提升到了巅峰,说:"我们真的制作出了和这个国家一模一样的地图,一英里都不差!"

当赫尔被问及地图的使用情况的时候,他承认"地图目前还没有卖出去"。他解释道:"农民们都反对他,他们说地图会盖住整个国家并挡住阳光! 所以我们现在使用国家自身作为地图,并且我能确保它和这张同这个国家一般大的地图的作用差不多。"

当然,我想说明的是事无巨细的考虑反而会丢了本质。这就是为什么人类会使用"抽象模型"的原因。经济学也不例外。经济学理论在很大程度上是与事实相悖的,但它用结果证明手段——允许我们对经济学逻辑中连接起的主要因素进行仔细而彻底的反思。

世界经济在第一次和第二次解绑时令人惊讶的不同表现需要我们在真正大的层面上进行抽象的理解。第三部分从经济学的角度深入挖掘了这两次大解绑不同的影响和原因。

第6章介绍了国际经济的基础知识——需要用来理解自1820年以来的全球化影响的最低限度的知识。第7章用经济学的原理来解释之前章节中被重点提到的全球化的事实。

6　典型的国际经济学

　　国际经济学*是一个涵盖面非常广的学科,但全球化的这么多特征——历史演变的结果——可以用仅仅四组经济学逻辑来概括理解。

　　第一组,也是其他三组的基础,是由大卫·李嘉图(David Ricardo)命名的比较优势理论。接下来的两个逻辑工具根源于20世纪90年代经济学理论的发展。一个由保罗·克鲁格曼(Paul Krugman)、安东尼·维纳布尔斯(Tony Venables)、藤田昌久(Masahisa Fujita)和其他经济学家开创的"新经济地理学派"——尽管一些人会讨论他们的学说到底是不是"新"的,或者是不是有关于地理的。另外一个90年代的理论是内生增长理论,这个理论在"新"和"增长"上没有争议。纽约大学的经济学家保罗·罗默(Paul Romer)对此理论作出了卓越贡献。最后一个分析框架帮助我们思考信息与通信技术对离岸外包的影响。我们先从比较优势理论说起。

李嘉图和贸易的利弊

　　李嘉图告诉我们即使是一个在任何方面都没有绝对竞争力的国家可以在某些方面获得相对优势。但是我们真正的兴趣在于李嘉图的逻辑是如何将贸易成本降低的影响和一些重要的指标联系在一起,比如,工资、就业、国家生活水平、收入分配等。解释贸易理论的

---

　　*　作者原文为"the economics of globalization"。——译者注

这个部分是接下来的内容。

比较优势理论简而言之就是一些国家在生产一些产品上相对而言要比其他国家便宜。这是国家间贸易的根本原因，并且解释了为什么国家要出口它们生产的产品。它同样为贸易可以形成所有国家间双赢局面提供了依据。或者说，所有国家都能获益因为这是一个双向的，低买高卖的交易。瑞士—意大利在 20 世纪 50 年代的走私活动就是很好的例证。

二战刚结束，一些欧洲货币在本国以外是毫无价值的。比如，一个法国或美国银行不会将意大利的里拉换成美元或者法郎。结果，走私活动就会使用物物交易，就是用一种货品去换取另一种货品。一个例子是在瑞士和意大利之间的走私贸易——很多时候用意大利的大米交换瑞士的香烟。意大利用大米进行交易很容易理解，因为意大利北部很适合大米种植。但从阿尔卑斯山脉国家瑞士进口烟草这样的热带植物就令人匪夷所思。

瑞士的瑞士法郎是欧洲战后少数几个可以用来交易的货币，所以瑞士的商家可以很容易购入美元来购买在拉丁美洲的烟草，然后将这些烟草沿莱茵河运到巴塞尔，再从那里陆运到意大利边境。事实上，很多瑞士香烟工厂都设在意大利边界上来促进贸易。相反地，意大利政府想从中阻拦，因为意大利本地有烟草寡头并且政府想用仅有的美元储备购买诸如药物和燃料之类的必需品。

如果没有走私，正常的情形是在意大利，烟草的价格会比大米高，但是烟草在瑞士就很便宜。表 6.1 展示了一些演示性的（编造的）相对价格。这些价格是用本国货币标的的，但因为里拉在意大利境外是没有价值的，所以只有烟草和大米的相对价格才是真正重要的。表格显示在瑞士，1 千克的香烟值 0.5 千克大米；在意大利，1 千克的烟草值 1 千克的大米。这种相对价格大差异为走私提供了机会。

表 6.1 瑞士—意大利走私:演示价格表

	国内市场价格	
	意大利	瑞　士
烟草(每千克)	100 000 里拉	20 瑞士法郎
大米(每千克)	100 000 里拉	40 瑞士法郎

这张表里的数字不是历史上真实的数字,只是为了演示的清晰而选的。但是读者能够理解在瑞意边境的小城所发生的走私的漫长历史。见 Adrian Knöpfel, "The Swiss-Italian Border-space"(thesis, École Polytechnique Fédérale de Lausanne, 2014), http://archivesma.epfl.ch/2014/045/knoepfel_enonce/knoepfel_adrian_enonce.pdf, and sources listed there. See also http://www.swissinfo.ch/ita/la—tratta-delle-bionde—degli-spalloni-d-un-tempo/7405286。

一个瑞士走私贩会在瑞士用 2 000 瑞士法郎买 100 千克的烟草,雇用一些年轻力壮的工人将它们从阿尔布伦隘口运到意大利,并交换大米。那这些走私贩会得到什么呢? 意大利的商贩当然会拒绝给瑞士商贩 100 千克的大米作为交换,因为他们也能在正规渠道获得相同的收益。当然,相应地,瑞士商贩也会拒绝任何少于 50 千克的交换。仅仅为了具体化这个结果,我们假设交易的结果是 75 千克的大米交换 100 千克的烟草。

于是,瑞士商贩将 75 千克的大米装上货船回到瑞士,并且以每千克 40 瑞士法郎的价格卖出。当然,价格可能会比正常渠道的 40 瑞士法郎低一些,因为如果定价在 40 瑞士法郎,消费者就情愿去正规渠道购买大米了。所以我们假设最后以 30 瑞士法郎每千克的价格卖出。

那么,谁从走私活动中获益了呢? 显然瑞士方面获益了,因为其从原来的投资额 2 000 瑞士法郎变成了现在的 2 250 瑞士法郎,净收益 250 瑞士法郎。但奇怪的是,意大利人也获益了。意大利人用 75

千克大米获取了 100 千克烟草,但当地的价格是 100 千克大米才能买 100 千克烟草。从这个意义上,走私可以被视作两国间彼此低买高卖的机会。

这个逻辑是绝对可靠的,好奇的读者可以通过改变表 6.1 中的数字来自行证明。相同的结论对于任何情形都是适用的,只要烟草和大米的相对价格在两国之间有差异——即使瑞士成为了烟草的进口国。

国家之间的贸易就是合法化的走私,所以这个在走私活动中基本的双赢思路也同时是所有国家能在贸易中获益的思路。这就是说,只要国家之间商品的相对价格不同,那么贸易就可以创造一个双赢的,低买高卖的机会。向回推一个阶段——用生产成本来解释价格——这个逻辑就是说所有的国家可以获益只要他们的生产成本是不同的。

对国家生产模式的影响

从以上走私的例子,我们可以明显看出贸易不过是套利的一种,并且它会缩小先前存在的相对价格之差。那么,这样的相对价格的变化会对本国的生产产生什么影响呢?

显然,生产那些相对价格抬升的产品会比生产那些相对价格下跌的产品更加值得。由于善于生产这个产品意味着贸易前的价格很低,这意味着每个国家会生产更多自己善于生产的产品,因为这个产品的国内价格将会抬升。专业术语上,我们称为每个国家会在比较优势部门中从事生产。

这样的生产资源的重新分配是从贸易中获利的第二个源泉(第一个源泉是双边的、低买高卖的交易)。从每个国家生产力最低的部门向生产力最高的部门的生产资源的重新分配会提高一个国家的平均生产力。

从实践的角度看比较优势:明治时期日本的例子

比较优势在实践中的体现可以从波恩·霍芬(Daniel Bernhofen)和约翰·布朗(John Brown)教授的精彩研究中窥探一二。他们关注的是日本在 1850 年到 1870 年明治改革年间,从基本没有贸易到很大程度上放开国际贸易对日本经济的影响。[1]

贸易开放前,一些日本产品相对于国际价格比较低廉,而另一些则相对较贵。根据李嘉图的比较优势的逻辑,日本应该出口国内相对价格较低的产品。然而,这种出口行为,会使得这种产品的价格不断抬升到国际水平上。另一方面,日本应该进口国内相对价格较高的产品。这些进口的产品就会对本地产品产生进口竞争,从而压低日本国内的价格。因此,净结果应该是相对价格在出口部门抬升而

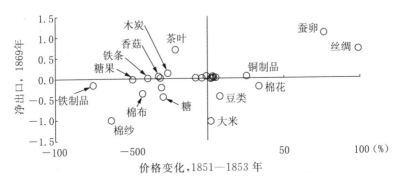

图 6.1 日本出口最多的产品是那些价格上升最大的产品

比较优势原则预测一个国家将会出口国内相对价格较低的产品,因为日本在生产这些产品上相对国外更加擅长。日本突然的贸易开放证明了李嘉图的理论是正确的:最大的出口部门,如丝绸和蚕卵,是日本价格上升最快的部门;最大的进口部门,如棉纱和棉布,是价格下跌最大的部门。

资料来源:Dainel Bernhofen and John Brown,"A Direct Test of the Theory of Comparative Advantage:The Case of Japan," Journal of Political Economy 112,no.1(2004):48—67。

在进口部门下跌。

我们看到净出口——出口总额减去进口总额——从 1851 年到 1869 年的价格变化证实了李嘉图比较优势理论的预测（图 6.1）。在后来的研究中，作者们又估计了日本的贸易开放提高了日本人民收入约 9％。我们讨论到现在的这种获利被称为贸易的"静态收益"，因为他们把国家的比较优势看作是不随时间改变的。如果国家采取了正确的政策，这些静态收益能被放大为"动态收益"——需要时间来获取的额外收益。这些利益的一个重要的源泉就是随着生产规模扩大而不断下降的平均成本。

从更大规模的经济中获利

即使在如今的全球化世界，本地的市场规模还是十分重要的。厂商更倾向于在国内市场上售卖自己的产品，而只将国际贸易当作边际上可行的选择。这种情形被称为市场分割。

正如事实证明，市场分割会降低竞争，提高价格并且让更多没有效率的厂商存活在市场中。结果，那些市场较小的国家就会有很多规模很小的厂商，而这些厂商在国际市场上没有竞争力。这是发展中国家的典型问题。

缺乏竞争使得国内厂商能定很高的价格——这个价格高得足以覆盖由于规模较小而造成的高生产成本。我们现在来考虑贸易自由化如何能够摆脱如此困境。

开放贸易后，来自外国厂商的竞争会导致一个促进竞争的效果，这种效果能强制这个国家的产业结构发生巨大变化。特别地，面对越来越激烈的竞争和下降的利润，厂商会倾向于互相兼并来达到更大的规模和更低的生产价格。最没有效率的公司会消亡或者兼并入更大的、更有效率的公司。这种兼并的公司有更大的市场份额,于是它们能够实现更大的经济规模。当所有的条件都具备后,结果就会形成一个具有更少但更大、更有效率的公司的产业结构。还有,贸易的开放意味着厂商会更直接地与大的外国厂商竞争,所以尽管国内的公司变少了,但这个产业的厂商将会面对更加有效的竞争。

全球化的弊端

每个价格的变化,每个新的技术以及每次需求的转变都会产生赢家和输家。当我们谈及全球化的利弊时,有两类最明显的人群:消费者和生产者;高技能劳工和低技能劳工。每当全球化降低了商品价格,消费者就会得利;同样地,当全球化引起一个部门的扩张和另一个部门的紧缩,那些在扩张部门里被密集使用的要素,就会得利,而那些在紧缩部门里被密集使用的要素就会失利。

当我们谈及全球化的弊端时,有两件事是必须认知清楚的。第一,全球化的好处永远与它的弊端相伴。第二,对于这个困境的解决方案是要去建立一个"社会契约",让所有的公民公平地享有好处,背负处理弊端的责任。

新经济地理学

经济逻辑的第二个方面,新经济地理学——它解释了地区发展不平衡之谜。这个谜简而言之就是,为什么降低了的贸易成本本应该变得不那么重要,然而却造成了如此剧烈的经济活动的不平衡分布,诸如城市与乡村的收入不平等,以及 G7 占世界总 GDP 的巨大份额?

新经济地理学通过聚焦于厂商的地址选择决策来解释这个谜。

根据这个"新经济地理学的逻辑"，它们在两个相反的力量之间作出最优的决策：

（1）那些有利于经济活动在地域上分散的力量。

（2）那些有利于经济活动在地域上集聚的力量。

这两种力的平衡决定了为什么非常大一部分的英国厂商坐落于大伦敦，但不是所有的厂商都这么做。或者为什么全球经济活动在G7的份额在1990年上升到了三分之二，但不会更高了。

分散与集聚作用

有很多分散的力量在起作用，但大多数都只产生局部的效应（如城市拥挤和高房租）。这些都无关于全球化。新经济地理学聚焦在两种分散作用上，它们通过商品价格产生作用并且因此能够通过商品贸易影响全球空间不平衡，它们是工资差距和区域竞争。

更特别的是，高技能劳动力和低技能劳动力的工资差距会影响制造业的选址。举例来说，在富国，受过高水平教育的劳动力相对而言较穷国多，然而在很多发展中国家，这种情况正好颠倒过来。其结果是一种产业的空间选择模式——在高工资国家发展技能密集型产业以及在低工资国家发展劳动力密集型产业。

第二种全球层面的分散力量是区域竞争——一种让厂商想要将贸易成本分摊给它们自己和竞争者的力量。比如，19世纪美国对英国工业制品的高贸易壁垒支持了美国的制造业。厂商发现在美国设厂是有利可图的，不是因为在美国运营费用低廉，而是因为贸易壁垒保护它们免受那些低成本的英国竞争者的竞争。

集聚力量是分散力量的对立面——它们促进地理集聚。从技术上说，我们把集聚力量定义为：经济活动的空间集聚会进一步促进进一步的空间集聚。

　　从分散力量的对立面看,大量的集聚力量已经被识别了,但是大多数还只停留在区域层面以至于无法解释很多全球化的现象,比如,英国的工业化是如何引起中国去工业化的。在新经济地理学中,两个主要的集聚力量是供给端和需求端的循环因果关系。20世纪的发展经济学家阿尔伯特·赫希曼(Albert Hirschman)将这两种力量称为"前向联系和后向联系",虽然这是个令人有些困惑的称谓。

　　如果一个经济体已经有大量的经济活动,比如可以用GDP来衡量,那么此时在这个经济体中做生意对企业而言就会更有吸引力,因为它们与消费者更近。那些人和企业生产很多的区域也往往是人和企业消费很多的区域。由于这种对企业的吸引会产生更多的经济活动,所以这种因果关系是循环的。消费者吸引生产者,而为企业生产的工人又成为新的消费者,进一步增加区域中的经济活动,从而更加吸引企业的入驻。

　　如果没有分散的力量,我们就会观察到这种集聚力量在现实中产生极端的经济活动地理分布情形。这是为什么G7国家虽然有很高的工资成本,但仍然能吸引企业入驻的原因。

　　没有一家企业是独立的。企业从别的公司购买中间品进行生产。因为距离会增加从供给商购买中间品的运输成本,很多相互关联的企业就会出于节约成本的目的而聚集在同一地点。这种现象在那些需要用到很多中间品和中间服务的产业尤其显著。

　　由于这种聚集作用,一个已经拥有很广泛工业基础的国家可以吸引更多的工业,因为这种工业基础吸引了厂商到这个国家进行生产。当供应商吸引了更多的供应商,这种因果关系就会自我增强或者循环。举例来说,这就是为什么在德国生产汽车会比在泰国生产更具有竞争力。

　　总而言之,需求端在整个经济体的层面上发生作用(比如法国与乌克兰相比)但供给端更多地在产业层面发生作用,比如汽车产业或者软件产业。很多情况下,它们会共同发生作用。

区域均衡:力量的平衡

在新经济地理学的框架中,产业的地点选择会平衡集聚和分散两种力量。为了看清这种平衡是如何形成的,让我们首先来做一个小的思想实验。考虑一个只有两个区域的世界。一开始这两个区域在大小各方面都是相同的,且每个区域有世界上一半的工业。假设有一些外生的因素导致了一些从一个区域到另一个区域的移民。这意味这一个区域比另一个区域的市场要大。大的区域称为北方,小的区域称为南方。

如果产业没有重新选址,那么在北方的企业就会更有利可图,因为它们可以拥有更多的消费者且不用产生任何的商品运输成本,同时,当地的企业竞争也没有变化。同理,南方的企业会获得更少的利润,因为南方的市场较小,但竞争依然激烈。

自然而然地,一些南方的企业会想要入驻到北方来,而这种重新选址的行为会重新平衡两地企业的获利能力。具体而言,由于南方的企业迁入北方,会使得北方的企业竞争变得更加激烈而使南方的不那么激烈。同理,在北方的工业集聚会推高北方的工资水平,而南方企业的移出会降低南方的工资水平,从而使得两个区域的生产成本产生差异。

我们观察到区域竞争效应和工资效应对南北区域的影响像一把剪刀的两面。当更多的公司移到北方,北方的竞争和工资就会增加同时南方的会减小。这种剪刀效应解释了为什么一开始的移民冲击会引起一些企业,而不是所有企业从南方移向北方。图 6.2 展示了一个再平衡的例子。

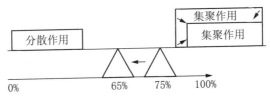

图 6.2 均衡状态下厂商的选址平衡了集聚作用和分散作用

在这个例子里,起初有 75% 的厂商坐落于一个大的区域中。如果有什么降低了聚集用的效果,那么一些厂商就会离开这个地方去往小的区域。当这种厂商数量在区域间的重新配置发生时,原先使得这一部分厂商离开的分散作用的影响就会消失。离开的厂商会减少大区域中的本地竞争并会加强小区域中的竞争。相对工资也会开始调整来防止所有的厂商都转移到那个小区域中。在这个例子里,新的均衡有可能是 65% 的厂商留在了大区域中。

资料来源:改编自 Richard Baldwin, "Integration of the North American Economy and New-paradigm Globalization," Working Paper WP049, Policy Horizons Canada, September 2009, http://www.international.gc.ca/economist-economiste/assets/pdfs/research/TPR_2011_GVC/04_Baldwin_e_FINAL.pdf。

贸易自由使得企业自由:本地市场的放大作用

所有在这里的推理都保持贸易成本不变。主要的结论是产业更倾向于在大的市场里集聚。但是到目前为止的推理都没有解释当贸易成本下降时产业会如何选址。贸易成本的下降是第一次解绑大戏中的"哈姆雷特"。所以将我们目前为止的推理拓展到这种情形就显得十分重要,其中最重要的效应是"本地市场放大效应"。

读者可能会想因为当贸易成本降低时,产业的选址问题就显得不那么重要了。一个如前所示的移民冲击会引起更少的产业重新选址。但这是错误的。带些悖论色彩的是,企业会更倾向于自由选址而不是不重新选址。简单地说,原因是需要更多的重新选址来重新平衡分散和集聚作用,而这正是因为地点选择不那么重要了。

考虑在我们的思想实验中,区域间企业获利能力冲击对一个从南方移到北方的企业的影响。这个企业现在在北方售卖自己的商品而不产生任何的贸易成本。但与此同时，它也不再出口给北方。因此，一方面，企业的重新选址直接增加了北方本地市场的竞争；但另一方面，它降低了北方的进口竞争。我们知道北方市场的竞争是本地市场竞争与进口竞争的总和。只要存在贸易成本，南方向北方的企业重新选址会增加北方的竞争，但是当贸易成本比较高的时候，它的净影响会更大。这意味着当贸易成本较低的时候，需要更多的企业来重新平衡区域的企业获利能力，因为单个企业的移动带来的净效应较小。

所以当我们延展这个逻辑，可以直观地看到，当贸易成本较低的时候，会有更多的南方企业转移到北方来重新平衡区域的企业获利能力。更直接地，当贸易成本较高时，竞争会更加区域化。所以单个企业的转移会给区域间的企业获利能力带来很大的影响。这个结果是反直观的，但是逻辑上的确是严密的。企业在选址上会更加自由，当贸易成本较低的时候。

内生增长的发生和经济地理

静态的新经济地理学的推理对于事情的发展方向确实起了有用的指导作用，但是全球化还涉及增长率，而不仅仅是一次性的变化。幸运的是，将经济地理和增长结合起来是非常简单的。

保罗·罗默在 20 世纪 80 年代提出了内生增长理论，这个理论为我们理解经济增长提供了有效的概念和数学的推理。我们对该理论的数学部分没有兴趣，而且概念性的部分也是非常简单以至于人们不敢相信在罗默之前没有人想到过这个想法。事实上，它与牛顿非常著名的话有关，"我只有站在巨人的肩膀上才能看得更远一些。"2

我们考虑每个创新会创造出两种类型的知识（我们把知识看作是创新的积累）。第一种知识是十分特别的并且能直接从中获利的——称之为"专利"。第二种则更加具有传播力，这指的是它推进了一般知识的积累而因此使得创新变得更加简单，但是没有人能够使这个知识变成专利，从而它是公共品。由于第二种类型的知识，每个创新使得将来的创新的边际成本更低。技术上说，这意味着创新符合一条学习曲线——当创新经验增加时边际成本会降低。3

正如这个理论所指出的，创新的边际成本的降低是理解当知识资本不断累积时如何避免知识资本边际回报降低的关键。首先值得注意的是，具有增强生产力的知识是资本。不像消费品，知识不会在使用后消失。它可以提供持续的生产性服务直至永远。但它是一种非常特殊类型的资本。为了看清这一点，我们将它和物质资本相对比。

物质资本是有用的因为它提高了其他生产要素的生产率，比如劳动力，但是每单位资本带来的好处却随着工人的平均资本的增加而减少（资本的边际报酬递减）。举例来说，当一开始没有工具的时候，在生产中引入工具会带来巨大的产出增长。但当每个工人都已经有很多工具的时候，继续引入工具也不会带来很多产出增长了。出于这个原因，随着工人的平均资本不断上升，最终每单位增加的资本所带来的收益会与所产生的成本相平衡。这个时候就是物质资本积累结束的时候。唯一能够使得资本继续积累的原因是外界变化，比如更多的工人或者更先进的技术以增加单位资本的收益，从而使得继续增加工人的平均资本是有利可图的。

知识资本没有边际报酬递减规律。事实上，自从工业革命以来知识已经在稳步积累了，并且新产生的知识和之前的知识看起来一样有生产力。将一些数学条件和知识资本的这个特征结合起来,知识可以永续地驱动增长。知识储量的增长使得创新的边际收益下降但是它的边际成本也随之下降,所以生产新产品和新知识仍然可以是有利可图的。值得注意的是尽管知识资本不符合边际报酬递减规律,但知识的增长率符合。如果某些因素提高了创新的收益,知识的增长率只会增加一点点。

下一步是我们将距离引入内生增长理论,这样我们就能思考贸易成本的下降(在第一次解绑中)以及通信成本的下降(在第二次解绑中)对增长意味着什么了。罗默的框架里没有全球化的距离杠杆,但最近的一些文献已经开始考虑将内生增长与经济地理结合起来。

全球经济中的增长

距离对于创新和增长都很重要。如果巨人太过遥远,牛顿也无法站在巨人的肩膀上进行创造。吉恩·格罗斯曼和埃尔赫南·赫尔普曼在他们的 1991 年的著作《全球经济中的创新和增长》(*Innovation and Growth in the Global Economy*)[4] 将经济地理引入罗默的框架。他们允许促进增长的知识可以传播或者说溢出到其他区域,但是并不是完全地传播。

我们再考虑一个思想实验。首先有两个小的封闭的经济体,它们每个都在自己的持续稳定的增长趋势上,且增长趋势相互独立。从没有任何的知识交流到无成本的知识交流会促进两个经济体的经济增长。这里的机制是知识的传播与运用使得别国的创新的边际成本显著下降。也就是说,知识完全自由的传播使其在两个国家都得到了运用,从而产生了双倍的好处。由于知识的传播降低了创新的边际成本,两个国家的经济增长率都提高了。这相当于,外国的知识对国内的创新者做了补贴。

知识溢出，大合流和大分流

将经济地理和内生增长结合在一起的框架解释了蒸汽机革命怎

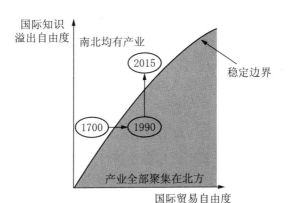

图 6.3 稳定与非稳定的融合：第一和第二次解绑

这幅图告诉我们自由贸易和自由的知识溢出结合起来是如何决定产业是全部集聚在一个地方——无论是聚集在北方还是聚集在南方——还是均匀地分布在两个地方。

让贸易更加自由化可以鼓励产业在一个地方的集聚，这被称为"空间悖论"（spatial paradox）。它看上去十分矛盾，当距离变得不再那么重要的时候，经济活动变得越来越集聚，但这就是所发生的事情。这件事背后的逻辑在文中已经讨论，但在日常生活中更加常见。举例来说，当一个国家内部的交通变得更加便利的时候，经济活动就会倾向于集聚在城市中。这种只有自由化贸易而没有自由化知识溢出的变化对应了图中的 1700—1990 年的部分。

让知识溢出更加自由化让产业开始分散。如果所有的厂商在北方（图中用 1990年的点表示），那么大多数的知识也会滞留在北方。如果现在我们让知识溢出自由化，如同图中从 1990—2015 年的箭头所示，那么产业就会开始分散。何种分散可以被认为是在拥有更多知识的北方和工资更加低的南方之间的一种套利。如果这种套利变得越来越简单，那么厂商就会搬离北方到南方，直到南方和北方的厂商数量相等。

向上倾斜的稳定性曲线是一种总结作用效果相反的两种自由度的方法。更自由的知识溢出有利于产业的分散，而更自由的贸易有利于产业的协调，因此，如果这两种自由以适当的方式结合起来，产业就会保持分散。正是图的右侧的组合定义了稳定边界。因此，稳定边界右侧（阴影区域）的组合对应的结果是，所有产业都在北方，并乐于留在那里。在图中没有阴影的区域，则南北均分布有产业。

资料来源：改编自 Richard Baldwin and Rikard Forslid，"The Core-Periphery Model and Endogenous Growth：Stabilising and Destabilising Integration，"*Economica* 67，no.267（August 2000）：307—324。

样在大分流时代促进了产业的集聚，而信息与通信技术革命怎样在大合流时代产生了分散作用。图 6.3 能够帮助我们理清逻辑。

图 6.3 中的思想建立在克鲁格曼—维纳布尔斯抽象的基础上。只有两个一开始完全对称的国家，因此两个国家各有 50% 的工业份额。在图上两个国家之间经济意义上的距离做了标记。横轴代表商品贸易的容易程度，由"贸易自由度"表示。贸易自由度为 0 意味着没有贸易，为 1 意味着完全自由的贸易。纵轴表示知识溢出的容易程度，由"知识溢出自由度"表示。为 0 意味着知识只在一个区域享有，为 1 意味着知识完全可以由两个区域享有。

正如图中所示，在集聚作用上有一对矛盾——贸易自由和知识溢出自由。这个由两种不同的自由引起的矛盾在图中由标注了"稳定边界"的线表示，它是一条在新经济地理学意义上的均衡线。

为了展示这个框架的内涵，我们从标注了 1700 年的点开始。在这个点上，贸易的成本很高，所以产业和开始一样仍然均匀分布在两个区域，称之为北方和南方。当贸易变得更加自由，但知识溢出自由度仍然保持不变，这意味着这个点沿着横轴方向平移。如果它移动得足够远，就会越过稳定边界，正如在新经济地理学讨论中所提到的，所有的产业都会聚集在同一个地区。具体地说，是聚集在北方。

然而，这幅图不仅仅只是关于产业集聚。它同样有关于增长的内涵。在 1700 年这样的点上，产业的分散化与知识溢出的高成本共同作用，其结果是没有一个区域是增长的。创新很少且知识溢出很难，因此现代经济增长的火炉——创新和激发创新的知识溢出——还没有被点燃。但当产业集聚，就像在 1990 年这个点上，北方开始经济增长。

如果区域间知识溢出变得更加自由，将会发生什么呢？保持贸易自由度不变，但提高知识溢出自由度，在图中就是将点沿着纵轴平移。如果知识溢出变得足够自由，整个世界经济就会再次越过平稳边界，产业又会在两个区域间对半分。但是，这种情况和之前的情况完全不同，因为南方也能开始工业化并实现经济增长。而且，由于知识溢出在 2015 年这个点上是跨区域的，南方的经济增长也会给北方的增长带来好处。

供应链解绑的经济学

正如我所提到的，全球化的第二次解绑将全球化的重心从经济体的不同产业部门转移到了生产的各个阶段。要理解这个转变，我们需要新的思考方式。传统的关于全球化的经济效益的思考方式是基于李嘉图的框架和它的延伸。这些概念忽视了不同生产工序的剥离，因为这个理论并不是意图要解释这样的现象。

外包的经济学原理是最值得一看的，我们把它分解为两种现象：碎片化和分散作用。碎片化是指生产过程剥离成为更细更多的生产工序。分散作用是指地理上的不同生产工序的分离。两个现象都是关于生产工序的组织方式的，它们通过外包联系在一起。我们依次来考虑。

碎片化（分割价值链）

从 20 世纪 90 年代到 21 世纪初，G7 的生产工序逐渐外包给了发展中国家。理解"为什么"和"怎么样"对于这些发生的现象是非常重要的。但是更为重要的是，我们需要思考如果信息与通信技术变得比现在更加出色、廉价以及普及，什么样的贸易将会发生。这一点需要一个新的分析框架来解释公司层面的生产组织活动。

从四个不同的加总层面上思考公司的生产过程。任务（tasks）

是生产中的最小单位；我们需要完成所有的任务来制造和售卖产品。这些任务包括所有的前期生产工作比如研发、产品设计、市场调研、项目资金、会计核查，等等。它也包括生产后的工作比如运输、储存、零售、售后服务、广告，等等。

第二个层面是"职位"（occupations），这是显然的。这个加总层面是由一个工人需要完成的所有任务定义的。第三个层面是"阶段"（stages），生产阶段是所有相近的职位的总和。最后一个层面是"产品"（product）——就是为公司创造价值的东西。TOSP 是这个任务、职位、阶段、产品的框架的简称。TOSP 在图 6.4 中得到了系统的阐明。

给定这个框架，如何分割价值链的决定就取决于两个方面：（1）什么样的任务应该被分配到什么样的职位上；（2）什么样的职位应该被合并到什么样的生产阶段上。

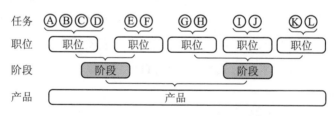

图 6.4　任务、职位、阶段和产品——TOSP 框架

生产过程可以认为是由对公司生产的每个产品的三种自然的分组构成。最细的层面由所有必需的任务构成。必须有一个人来负责完成每一项任务，所以以下一个层面是职位，定义为每个工人所完成的任务的总和（通常由机器辅助完成）。在大多数的生产过程中，工人会被安排在彼此周围，这定义了第三种自然的分组：阶段。在大多数的情况里，第二次解绑（可以说是外包）指的是生产阶段的解绑而不是职务和任务。

资料来源：Richard Baldwin, "Global Supply Chains: Why They Emerged, Why They Matter, and Where They Are Going," in *Global Value Chains in a Changing World*, ed. Deborah K. Elms and Patrick Low (Geneva: World Trade Organization, 2013). Figure 11.

分工和协同的矛盾

决定如何组织生产在现实世界中是极其复杂的,但是考虑所有真实的企业每时每刻所做的决定会遮盖了这对矛盾的本质。因此,我们需要一定程度的抽象。

幸运的是,亚当·斯密给这个现象做了一个很好的方法论上的铺垫。关键的矛盾在于分工和协同。在他的《国富论》中,斯密在 18 世纪的扣针制造产业的背景下讨论了分工带来的好处。正如斯密所写:"一个人抽铁线,一个人拉直,一个人切截,一个人削尖线的一端,一个人磨另一端,以便装上圆头。要做圆头,就需要有两三种不同的操作。装圆头,涂白色,乃至包装,都是专门的职业。"

这种碎片化生产过程让工人熟悉并擅长他的工作。正如斯密所说:"我见过一个这种小工厂,只雇用十个工人,因此在这一个工厂中,有几个工人担任两三种操作。像这样一个小工厂的工人,虽很穷困,他们的必要机械设备,虽很简陋,但他们如果勤勉努力……这十个工人每日就可成针四万八千枚。"这说明平均每个工人能生产 4 800 根针。

斯密将这个生产效率与一个工人完成所有的任务的效率进行对比:"但是如果他们都分开独立地工作并且没有一个工人知道该如何完成每个任务,他们很有可能没法制造 20 根针,甚至可能一天一根针都造不出来。"因此,由于"对不同操作的适当的分工和结合",生产效率得到了极大的提升。好奇的读者可以去阅读斯密关于英国制针行业的报告。

当然将不同的任务分离开来的缺点就在于整个生产过程难以协调。这就是最核心的矛盾——分工的好处与协同的成本。

将这一点应用到我们的 TOSP 框架上,如果每个职位所做的任务更少,每个生产工序所结合的职位更少,那么生产效率就会提高,因为工人们能更快更深刻地理解他们所要做的任务,并且工作场所也能根据职位的特色做出最佳的适应改变。但是分工提高了协同的成本因为每个工人必须确认他们没有做别人的工作。

更好的信息与通信技术:一把插入碎片化生产的双刃剑

当我们考虑第二次解绑的历史和未来,一个关键的因素就是信息与通信技术的发展将如何改变分工协同的矛盾,从而进一步提高效率。令人好奇的是,更好的信息与通信技术的影响分成两面来看。一方面,一些技术减少了分工的好处。这是因为它们的出现使得一个工人能够做更多的工作而不牺牲效率。另一方面,其他技术的提高减少了协同的成本并且因此使得更进一步的分工和更细化的生产阶段成为可能。伦敦政经学院和斯坦福大学的经济学家们在他们的论文《信息与通信技术对于公司组织的不同影响》中为这个事实提供了很深刻的见解。

信息与通信技术的一些方面影响了通信和组织技术——称之为协同技术。这促进了想法、指令和信息的传播。[5]协同技术能通过减少协同成本来深化分工。更好的协同技术能更好地支持生产过程的碎片化——进一步分割价值链,更多的外包,更多的对外直接投资以及更多的零部件贸易。

信息与通信技术的另一些方面却使得个体工人能掌控更多的任务——称之为信息技术。因为信息技术根本上意味着自动化,更好的信息技术通过降低单个工人完成更多的任务的成本使得分工变得不再增进效率。这表现为几个方面。如今,很多工厂可以被理解为环绕着工业机器人、自动化的机器的电脑系统。3D打印可以被看作是最极端的信息技术使得单个工人完成所有打印任务的例子。可能这种类型的先进工业应该被称为"电脑化生产",因为与其说是机器协助工人完成任务,倒不如说工人在帮助机器完成任务。

总而言之,协同技术和信息技术在生产过程的碎片化中起着不同的作用。更好的协同技术降低碎片化的成本;更好的信息技术使得碎片化不再必要。从 TOSP 的理论框架来看,提高信息与通信技术可能会导致每个职位需要做更多或者更少的任务,每个生产阶段有更多或者更少的职位。

空间维度(外包)

如果不是外包,那么碎片化生产就纯粹是国内的一种产业组织方式,这就不会引起足够多的关注。但是外包是 21 世纪全球化很大的一部分,所以下一步我们将关注生产工序的空间分布——尤其是分布到低工资国家。

原则上,所有的公司都想把每个生产阶段放置到低成本的地点。事实上,每个地方有着完全不同的特点。比如,世界经济论坛竞争力指数有 110 种不同的测量方式。在这里我们将遵从卡尔·波普尔(Karl Popper)的警言,只将我们的注意力集中在那些无法被忽略的重要的事情上。一个自然的重点是影响生产成本的因素,尤其是工资以及生产率、质量、可得性以及可靠性。

外包的成本来源于生产过程分离的成本,好处是可以有更低的生产成本。生产成本包括工资、资本成本、原材料成本和各种显性和隐性的补贴。分离的成本应该更广泛地考虑信息传播成本,运输成本,更多的风险和管理时间成本。

选址的决定还受当地不同种类的溢出的影响。在一些部门和生产阶段,比如时装设计,设计师和消费者的接近是非常重要的。另一些则需要将某些生产阶段放在一起来降低成本，比如产品研发。

当我们讨论外包对公司生产要素成本的影响时存在几个谜团。如果一个低技能需求的生产阶段移到了发展中国家，企业可以省钱。很明显，我们需要区分两个工资水平：低技能工资和高技能工资。

如果在一个国家中低技能劳动力很便宜但在另一个国家高技能劳动力很便宜，那么公司就会把低技能需求的生产阶段放在前一个国家而把高技能需求的生产阶段放在后一个国家。像德国这样的"总部经济体"已经将劳动密集型的生产阶段外包给了波兰。然而，高技能劳动力保持相对的丰裕，因此在德国这些劳动力仍然十分廉价。因而，技术密集型的生产阶段仍然留在了德国国内。

工资差距不是使得供应链国际化的唯一动机。在第二次解绑之前，供应链就已经存在于发达国家。但是北方国家和北方国家之间的生产阶段的分布取决于由分工带来的微观收益。比如，制造自动空调，法国的公司法雷奥在欧洲市场靠其产品的出色表现提高自己的竞争力而不是低工资。尽管每个欧洲汽车制造商能够自己制造空调，但是由于规模经济的原因，从法国进口这样的空调就会更加便宜。鉴于在工作中学习的重要性和规模经济正在供应链中扮演越来越重要的角色，自然而然地，各个零部件也都开始有专门的生产商提供。这解释了自从 1960 年以来北北之间的生产分工（就像在第 3 章讨论的那样）。

临界点和协同成本

尽管要素成本考虑起来很简单，但是由于分工产生的协同成本就有些复杂。表 6.2 帮助我们展示这一点。它是关于生产过程的一个例子——有六个生产阶段，每个阶段必须和别的阶段相互合作协调。

表 6.2　协同成本矩阵

		在海外的阶段数						
		0	1	2	3	4	5	6
	6	0						
	5		5					
	4			8				
在国内的阶段数	3				9			
	2					8		
	1						5	
	0							0

　　这张表展示了协同的困难程度是怎样随着生产过程被打碎并且在国际上分散开来而变化。在这个简单的例子里,假设每对生产阶段间需要必要的合作。但是这种协同的成本根据工序的具体位置不同而不同。协同经常被认为是非常廉价的,当两个阶段都在一个国家的时候,比如,我们可以假设协同成本为零。但是,协同成本在不同国家间就是不可忽略的。所以理解不同外包结构的协同成本的关键就是去数需要进行国家间的协同合作有多少次。

　　当一个阶段被放到海外,就需要五次协同成本,因为阶段 1 需要和剩下的五个阶段分别交流。当两个被外包,则需要八次。表中最高的协同次数是九次,当一半的阶段外包的时候。当超过一半的阶段外包的时候,次数会逐渐减少。

　　如果只有一个生产阶段实现了外包,比如,第一个阶段,那么仍然有五个双边的、跨边界的关系需要维持。具体地说,阶段 1 的外包必须和阶段 2—6 相互协调。如果两个阶段外包,比如阶段 1 和 2,就会有八个跨边界的关系需要维持。如果现在外包拓展到三个阶段,我们需要最多的跨边界的协调——阶段 1—3 必须与阶段 4—6 进行国际协调,双边的通信是必需的。

　　由此,由于通信成本,将一半的生产阶段外包是最昂贵的。如果更多的生产阶段外包出去,那么跨边界的协同成本就会开始减少。也就是说,更多的生产阶段集中在离岸市场而不是在岸市场,但是如果将生产集中在某个地方就降低了对于国际分工协同的需求。更具体的来看,阶段 1—6 是慢慢地外包出去的,对于国际分工协同的需求先增大再减小。

这被称为"临界点经济学"。当三个阶段外包出去时，我们达到了临界点。一旦将三个生产阶段外包到海外是有利可图的，那么将更多的生产阶段外包出去也是有利可图的。我们用"凸协同成本"这个技术用于来描述这一情形。

这种协同成本的凸性产生了集聚作用。换句话说，最小化协同成本的解在于将所有的生产阶段都集中在一起。

协同成本的凸性有一个不寻常的特征，就是外包会被延迟，因为当一个生产阶段在国外运作是相对便宜的时候，它仍然会被留在国内，因为这样的协同成本较低。但是当外包确实发生的时候，就会有很多生产阶段随之一起外包出去，以此来节约协同成本。这被称为外包过冲。这也意味着当协同成本下降时，一些生产阶段会回流到本国——这个现象在 2010 年之后开始显现。

碎片化和外包的相互作用：工作的本质

碎片化和外包至今为止是分开考虑的，但是它们却在很多重要方面有着相互作用——公司会改变每个职位的任务内涵和每个生产阶段的职位组合，以充分利用外包的可能性。我们可以举个例子来理解这一点。

亚当·戴维森（Adam Davidson）的《大西洋月刊》的文章描述了在格林威尔，南卡罗来纳生产燃油喷射器的工厂中的两个工人完全不同的生活。[6]一个工人从事手工工作，这些工作只需要很少的训练和教育，她每小时可以得到 13 美金。她只需要将燃油喷射器放入机器并按下按钮；机器会做完接下来的工作。她的工作不需要任何的判断、技能和经验。事实上，她的这部分工作可以完全自动化。

第二个工人做着完全不同的工作,并且需要完全不同的技能。他每小时能拿到 30 美金。他得到这个工作是因为他受过三年的教育并有五年的工作经验。他的工作需要对燃油喷射器进行反复的测试和微调,因此需要一些技能。

从这个例子中,我们可以得到以下的结论:当我们考虑碎片化和外包是如何关联在一起的时候,比如,信息与通信技术中的信息技术会需要更大的技能范围。因为高科技机器需要工人拥有更多的操作技能和训练,相比于通常工厂中工人而言。但是第一个工人的工作可能比通常的工人需要更少的技能,因为她只需要放入和按按钮两个操作。更好的信息技术能将劳动密集型的任务融入到需要高技能和昂贵机器的职位中。这样,信息技术就会有两个重要的效应:它使得留在 G7 国家中的生产阶段变得更加的技能密集并且它会减少劳动力需求。这种情况也允许公司将很多低技能的任务融入外包的生产阶段中。提高信息与通信技术因此帮助 G7 国家仍然保留一些生产工作,但这些工作需要更多的高技能劳动力。

另外一个结论是全球化不会总是引起去工业化。在这个故事中,这个工人真正的竞争者不是中国工人而是美国的机器人。一小时挣 13 美元让她在 2012 年比机器人更加廉价,但是很多她的同事已经被取代了。

最后,尽管在这个出行很廉价的时代,指令的传递使得高技能和低技能的职位捆绑在一起。这个工人的职位没有被外包的原因是将这个职位外包所产生的各种协同时间成本会比 13 美元更贵,即使那个国家的工资可能是一个月 13 美元而不是每小时 13 美元。

现在我们已经掌握了很多经济学知识,让我们基于这些知识分析现实。

注释

1. Daniel Bernhofen and John C. Brown, "A Direct Test of the Theory of Comparative Advantage: The Case of Japan," *Journal of Political Economy* 112, no. 1 (2004): 48—67; and Bernhofen and Brown, "An Empirical Assessment of the Comparative Advantage Gains from Trade: Evidence from Japan," *American Economic Review* 95, no.1(2005):208—225.

2. 事实上,牛顿在 17 世纪末在写给罗伯特·胡克(Robert Hooke)的信中写道:"如果我比别人看得更远,那是因为我站在巨人的肩膀上"。这句话可以在如今两英镑的硬币上看到。

3. 这个版本的内生增长理论来源于格罗斯曼和赫尔普曼的方法。详见 *Innovation and Growth in the Global Economy* (Cambridge, MA: MIT Press, 1991)。

4. 同上。

5. Nicholas Bloom, Luis Garicano, Raffaella Sadun, and John Van Reenen, "The Distinct Effects of Information Technology and Communication Technology on Firm Organization," NBER Working Paper 14975, National Bureau of Economic Research, May 2009.

6. Adam Davidson, "Making It in America," *Atlantic Magazine*, January/February(2012).

7 解释变化的全球化影响

"哲学家说的没有错",索伦·克尔凯郭尔(Soren Kierkegaard)说道:"人生应该倒过来理解。但人们常常忘记另外一个原则,就是人必须要向前生活。"

为了倒过来理解历史,本章节将通过"三级约束"以及前一章节已经展示的一些基础的经济学知识,来带领读者领略 19、20、21 世纪的全球化过程。这个章节主要是关于第 2 章和第 3 章中重要事实的细节展开。

理解第一次解绑的典型事实

第 2 章已经陈述了第一次解绑的五个最重要的典型事实:

(1)北方国家工业化而南方国家去工业化;

(2)贸易增长;

(3)全球范围内的经济增长开始,但北方比南方更早更快;

(4)大分流发生;

(5)城市化加速,尤其在北方。

所有这些事实都可以被简单地理解为全球化第一次解绑的结果。我们从事实(1)和(2)开始解释,因为它们非常紧密地联系在一起。

北方工业化,南方去工业化和贸易

保罗·克鲁格曼和托尼·维纳布尔斯在他们著名的论文《全球

化和国家间的不平等》中用新经济地理学的框架解释了事实（1）和（2）。这篇论文用新经济地理学的理论框架非常简洁地解释了下降的贸易成本如何使得北方工业化和南方去工业化。[1]

他们的解释从非常不现实但是又非常有启发性的理论抽象开始。具体地说，他们将这个世界分为两个区域——北方和南方。北方是当今的富国的简称（简单起见可以认为是 G7）而南方是今天的发展中国家的简称（简单起见可以认为是古文明七国 A7：中国、印度、埃及、伊朗、伊拉克、土耳其和意大利/希腊）。意大利/希腊是特殊的，因为这两个国家在 19 世纪前叶，第一次大解绑真正开始之前，就从 A7 转变成了 G7。

克鲁格曼和维纳布尔斯的故事开始于工业均匀地分布在南北方，因为人们与他们的土地联系在一起，并且糟糕的交通状况使得工业只能发生在区域内。19 世纪，贸易成本开始下降，竞争压力促使每个区域开始专业分工。就像历史上所发生的，G7 开始专业化于工业，而这种专业化引发了循环的因果过程。就是说，北方的工业化增加了北方的工资并且扩大了北方的市场规模。市场的扩张又使得北方对于企业而言更加具有吸引力。只要这个因果循环还在继续，南方的工业永远不会发展。简单来说，北方的工业化和自由贸易将南方去工业化。读者可以阅读第 2 章中的事实依据和第 6 章中所阐述的这个理论框架的逻辑。

当我们用这个框架来解释历史的时候，最大的问题就是亚洲最初的份额。在 1820 年以前，中国一个国家就占了世界 GDP 的三分之一——六倍于英国并且两倍于北约联盟。印度的经济总量相当于北约联盟的经济总量。也就是说，是经济总量小的区域赢了而大的区域却输了。G7 成为了核心，而 A7 成为了外围。但克鲁格曼他们的理论却预测相反的事情应该发生。

图 7.1 展示了历史的演变。横轴标记了 A7 和 G7 所占的世界人口比例,纵轴标记了各自所占的世界 GDP 比例。如果我们应用这个理论,第一次大解绑应该引发大分流,并且亚洲国家应该获得最后的胜利。A7 国家的点应该都在 45 度线上方并且不断上升。G7 国家的点应该都在线的下方并且不断下降。但历史却走向了相反的方向。

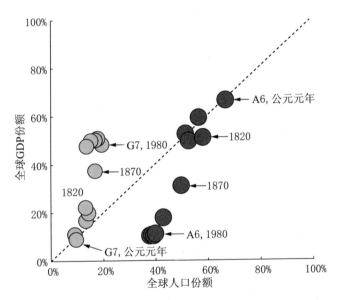

图 7.1　南北全球人口和 GDP 的份额,从公元元年到 1990 年

在第一次解绑中的 GDP 的变化似乎和理论预测走向了相反的方向。在新经济地理学家的思考中,一开始那些大区域(国家),诸如中国和印度,应该获得大多数的产业并且经济腾飞。然而事实上小区域(欧洲)赢了。这幅图展示了从公元元年,A6 国家(A7 减去意大利)比 G7 国家经济总量大很多。然而,世界的 GDP 份额在小区域率先增长,在大区域反而跌了。

资料来源:Maddison 数据库(2009 年版)。

一种解释方法是转向政治史,谴责殖民主义和帝国主义。尽管火药一开始是中国发明的,但它的军事应用是欧洲开始的——在欧洲内部的几百年的战争中这种军事技术逐渐成熟。当地理大发现开始后,欧洲的军事技术已经遥遥领先,这种优势在接下来的几个世纪中仍然在扩大。根据这种解释,欧洲人通过枪炮殖民了 A7 国家并且阻碍了它们的工业发展。这种推理方式有其道理。比如,美洲殖民地——现在的美国——一开始被明令禁止出口工业品,但是出口原材料诸如棉花羊毛是被允许的。殖民地给英国提供羊毛并且从英国购买工业品。同样地,英国高技能劳动力的移民以及英国纺织机器的出口是被英国国会严令禁止的。

当然,除了政治考量,还有经济论据。其一,南方相较于北方的经济环境不鼓励创新,所以它的市场份额上的优势就没有发挥出来。更重要的是,北方的人均收入要比南方高。在 1820 年,中国的人均收入只有英国的人均收入的三分之一。由于收入刚够温饱的人们对于工业品的消费很低,总的 GDP 可能不是一个市场份额好的度量方式,我们应该关注工业品市场。

物理距离也是非常重要的。"市场可得性"这个名词强调了一个国家作为很多高收入国家近邻的好处。中国和印度离彼此有一定距离,离北约的经济体更远。路上交通被东南部的森林和喜马拉雅山所阻隔。海上路线不是直达的,必须要经过马六甲海峡。相反地,北约的经济体彼此相对靠近。欧洲和美洲通过大西洋相连接,两边都有很多河道可以通往州内陆。当然更完整的回答包含了政治、经济和地理因素。

接下来我们考虑典型事实(3)和(4)以试图解释南北的经济增长大分流局面。

经济起飞和大分流

克鲁格曼和维纳布尔斯的推理聚焦在工业和 GDP 份额上而没

有关注增长。为了考虑 G7 的经济起飞和由之而来的收入大分流,增长问题必须考虑进来。格罗斯曼和赫尔普曼首先思考了这个问题。正如在前一章中所解释的那样,基本的逻辑是知识的创新使得进一步的知识创新变得容易。

尽管现代农业自从 20 世纪 60 年代以来就有了长足的技术进步,但是全球化的第一个世纪中的创新主要还是发生在工业创新中。正如 G7 国家赢得了工业而 A7 国家失去了工业,在 G7 国家创新变得容易而 A7 国家则很难创新。换句话说,北方的工业化推进了北方的经济增长,而南方的去工业化阻碍了南方的经济增长。更具体地说,在 G7 国家中工业的聚集意味着工业创新的聚集。鉴于知识的溢出效应能持续的推动经济增长,而知识因为传播成本而没有在全球传播开来,这就导致北方因为有更多的工业,从而有更多的创新,进而更早地推动了经济的增长。

然而,这种因果关系是双向循环的。由于工业化带来的创新使得北方企业可以用更先进的技术生产廉价的产品,这使得公司在选址时就会倾向于选择北方,而这种企业的进入又会进一步促进北方的创新。这样,廉价的国际和国内运输成本就会产生工业集聚,进而发生工业化和经济起飞。同样地,南方就会去工业化和经济起飞得更晚。[2]

解释完为什么第一次解绑会产生北方国家的飞速增长,再来看大分流就很简单了。读者应该牢记经济增长南北差距的惊人数字——加上经济增长所导致的必然结果——这也是为什么人们把这次长达仅仅几十年的分流称为"大分流"的原因。

城市化

第一次解绑的唯一剩下的典型事实就是城市化。城市经济学为全球化第一次解绑和城市不断增加的规模之间的联系提供了分析框架。最令人信服的学说是爱德华·格莱泽（Edward Glaeser）的学说。他的学说核心是将城市看作是节约通信成本的一种手段。城市是人们相遇、相互交流想法和知识的地方。

正如格莱泽在 2009 年一条经济学博客上所说："全球化和技术进步增加了聪明人的回报；人类是一种只要在聪明人周围就会变聪明的生物。一个程序员可以在深山野林里工作，但这个程序员不会学到什么。但如果她来到班加罗尔，那么她就会明白什么样的技能是有价值的，什么样的公司在成长，什么样的风投正在准备投资这个领域的新想法。这些信息正是由于她来到了这个城市获得的，并且它们会帮助她建立关系并建立自己的公司。印度很大一部分的信息技术公司都是由与班加罗尔有关联的人所建立。"[3]

这种对不断增长的城市规模的解释和对工厂的形成的解释十分相似。正如在第 4 章中所讨论的那样，贸易的更加自由化扩张了市场，公司为了应对不断扩大的规模而采用更加复杂的管理手段。为了节约协同成本，生产就集中在工厂中。

理解第二次解绑的典型事实

第 3 章已经陈述了七个重要的第二次解绑的重要结果。

（1）北方国家开始去工业化，同时一小部分的发展中国家开始工业化；

（2）迅速的工业化促进了发展中国家的极速增长；

（3）商品价格开始了超级循环，这个循环开始于商品出口国的经济起飞；

（4）大合流发生；

（5）南北贸易开始转变为包含了更多的来回供应链贸易；

（6）很多发展中国家开始了贸易的开放；

（7）第二次解绑的影响在不同地域是完全不同的。

最前面的四个主要结论和南方国家的工业化有着千丝万缕的联系，因此我们首先从这里开始。

南方工业化、北方去工业化和外包

我们在第 3 章中见证了国家间财富分布的反转和其再反转，至少对某些古文明是这样的。比如，第 3 章中，G7 所占的世界工业份额从三分之二下降到二分之一，而与此同时，六个发展中国家的工业份额正好就增加了这么多。

从新经济地理学的角度来看，这种巨大的地缘经济变化一定是由在第一次解绑时的集聚作用不断减小，或者分散作用不断增加引发的。第二次解绑的关键性特征——由北向南的知识传播——告诉我们两个原因都有可能。

最重要的一点是知识溢出在 19 世纪是作为集聚作用的，但在 20 世纪却开始扮演起强大的分散作用的角色。当北方的创新留在北方而因为高昂的传播成本而不传播到南方，北方不断增加的知识就会使得北方对于企业有非常大的吸引力。现在，G7 国家的公司可以将它们公司的知识和发展中国家的低工资水平结合在一起，这种知识的传播使得南方变得更有吸引力。结果是工业逐渐从中心国家移向外围国家。

知识溢出从集聚作用转向分散作用，然而这种将工资水平作为分散作用的论证是微妙的。在第一次解绑期间，迅速的工业化增加了工资并且减缓了工业集聚。在第二次解绑的过程中，工资与工业化的联系被全球价值链的特征所改变。更确切地说，G7 的公司将具体的知识转移到中国和其他新兴市场的生产设施中。它们努力不让这种知识被外包国家的其他公司所习得。

这种对技术的保护的动机和工资没有多少联系，但是结果的确是，在第二次解绑中工资与工业的联系变得比第一次解绑更加微弱。关键在于，在这种外包工厂中工作的工人只会被支付一种被称为"次优工资"的酬劳。这种工资等价于这些工人在乡村用那边的知识技术生产的工资。由于这些工厂中的先进的知识留在工厂中，"次优工资"不会迅速增长除非发生了工业化。

简单来说，分散作用减缓了由北向南的工业转移，但这种作用被大多数的知识只在全球价值链中传播所中和。

增长起飞、超级循环和大合流

我们已经解释了第二次解绑中少数发展中国家的工业化过程，现在我们可以看接下来的三个典型事实。自从 1990 年以来，全球化被不断减少的知识传播成本所支配。根据前一章所阐述的内生增长理论，这种知识传播的自由化给正在工业化的南方国家又注入了强劲的增长动力。中国和其他 I6 国家正在经历与迅速的工业化联系在一起的经济起飞。

然而，这些国家的增长加速会造成典型事实（3）——商品超级周期和随之而来的商品出口国的经济起飞，这种联系是非常直接的。通过刺激对商品的需求，I6 国家收入的迅速增长推高了所有商品的价格——从小麦到奶粉到铁矿石和石油。由于大多数的商品出口国是发展中国家，这种商品的超级周期刺激了南方更多的收入增长。

第四个典型事实是大合流，直接由南方的经济增长所引发。在1990—2000 年间，发达国家和发展中国家的巨大增长鸿沟开始逐渐消失，正如前言中所讨论的那样，发展中国家的世界 GDP 份额正在不断提升。

影响的地域异质性

第二次大解绑改变了 21 世纪以来的工业生产。工业生产在发展中国家的兴起将它们从低技术和低工资的组合转变为高技术和低工资的组合。在那些高技术和高工资的地方或者是低技术和低工资的地方，工业生产下降了很多。那些离主要高技术生产国家（比如德国、美国和日本）太远的发展中国家或者是不愿意参与全球生产网络分工的国家，它们的工业生产几乎没有变化。

根据"三级约束"，这些变化随着地域的不同而完全不同，因为全球化的第三个约束——人口流动的高成本——仍然存在。工业生产的革命只会发生在那些高技术企业愿意邀请它们加入生产网络的发展中国家里面。为了减少面对面交流的成本（人口流动的成本），这些企业会将外包只限定在一些临近的国家。

印度是一个特例，它通过提供服务来参与全球价值链分工，而服务不怎么受限于面对面交流的约束。

第三个结果是直接的或者说是非常明显的南北生产共享的结果。那些将国际生产网络内部化的商品在生产过程中会跨越国与国边界好多次。

发展中国家政策改变的原因

对那些吸引了 G7 生产网络的发展中国家而言，第二次解绑的确是一次真正的革命，它开启了工业化和经济增长的新篇章。每个人都在前几十年所期待的技术转移终于发生了——但不是以 20 世纪发展理论所论述的方式。发展中国家参与到全球价值链中来让自身变得更加具有竞争力，并且通过增强这种参与来促进自己的工业化，而不是如 20 世纪的理论所说，在一个国家里构建起整个供应链，从而增强公司的国际竞争力。

这种工业化的新方式不仅仅是一个机会，也是一个威胁。当中国以这种方式开始工业化时，其他发展中国家不再能够用以前的方式来工业化了——就像美国、德国、法国、日本或者更近的韩国所做的那样。简单地说，低技术和低工资的组合是无法和高技术和低工资的组合相抗衡的。

实际上，那些想要参与到第二次解绑的发展中国家必须采取某些特殊的政策。要理解这种政策的关键，我们必须从全球供应链，也就是"跨国界工厂"的角度来看。根据这个看法，要支撑对全球价值链的参与需要两种保证：供应链保证和外包保证。

供应链保证主要用来处理跨国界工厂相互联系的必要性问题。21 世纪的供应链包含了整个贸易投资服务和专利，因为要以这种耗费时间的方式将高质量、定价具有竞争力的商品带给消费者需要国家生产网络的协同，其中商品、人、知识、投资的双向流动就显得尤其重要。对这些流动的任何威胁会对全球价值链和工业发展产生巨大的阻碍。这也是为什么在 21 世纪，工业保护主义是毁灭性的。

当我们将这些要点掌握好了，在理解发展中国家对于贸易开放主义和那些推进投资、服务、知识产权的改革就非常简单了。并且我们也能理解为什么工业和贸易政策的改变几乎会在同一时间发生。第二次解绑引起了这所有的政策。更具体地说，发展中国家和发达国家签订的双边投资协议和双边区域贸易协定为参与全球供应链分工提供了保证。

有趣的是，很多发展中国家做了这样的保证，但并不是每个做了保证的国家都参与到了全球价值链中——尤其当我们考虑人与人面对面交流成本的时候，我们经常会误读距离的作用。对于人而言，其实在一日往返出差和到更远的地方出差是完全不同的。

这可能能解释为什么全球价值链的革命还没有在南美洲和非洲发生,但是在亚洲,中美洲和中欧国家已经如火如荼地展开。简单而言,非洲和大多数的南美国家对于北方的高技术国家而言都太远了。

专栏 7.1　新旧全球化影响的原因概要

当贸易成本下降时,产业就会聚集在 G7 经济体中并且增加创新,促进经济增长。由于移动知识想法的成本下降得不多,所以创新就会滞留在北方,而不传播去南方。因此,北方工业化而南方去工业化。这种产业分布的不均匀,引起北方比南方更早更快的经济起飞——其结果就是大分流和国际贸易的迅速增长。

当信息与通信技术革命降低了在全球供应链中移动知识想法的成本,G7 公司开始利用自己相对南方公司的知识水平上的优势,在全球进行知识套利。其结果是参与到价值链中的发展中国家的工业化和 G7 国家的迅速去工业化。就像之前所说的,迅速的工业化促进了收入增长,但这一次经济增长影响了世界上一半的人口,而不是像 19 和 20 世纪那样只影响了五分之一的人口。结果是,对大宗商品(Commodity)需求的巨大增长使得大宗商品价格和出口经历了长达 20 年的增长,这种增长也促进了那些出口大宗商品国家的经济增长,比如澳大利亚。

这一章向读者展示了历史上所有的典型事实都可以用第 6 章所学的经济学知识进行解释。

注释

1. Paul Krugman and Anthony Venables, "Globalization and the Inequality

of Nations," *Quarterly Journal of Economics* 110，no.4(1995):857—880.

2. 这个古老的叙事来源于经济史学家尼古拉斯·克拉夫茨（Nicolas Crafts)和特伦斯·米尔斯(Terence Mills)，他们两人明确的指出了在工业革命中当地实践学习过程的重要作用。见 Terence C. Mills and N. F. R. Crafts，"Trend Growth in British Industrial Output，1700—1913：A Reappraisal," *Explorations in Economic History* 33，no.3.但是，正式地将新经济地理学和新经济增长理论结合起来是比较后来的事情。具体而言，我和巴黎经济学院的菲利普·马丁(Philippe Martin)和伦敦政经学院的詹马可·奥塔维亚诺(Gianmarco Ottaviano)一起合写了一篇文章将克鲁格曼—维纳布尔斯的新经济地理理论和格罗斯曼—赫尔普曼的新经济增长理论用一些技巧结合了起来。参见"Global Income Divergence，Trade，and Industrialization：The Geography of Growth Take-Offs," *Journal of Economic Growth* 6，no.1[2001]:5—37。

3. Edward L. Glaeser，"Why Has Globalization Led to Bigger Gities?" Economix(blog)，*New York Times*，May 19，2009，http://economix.blogs.nytimes.com/2009/05/19/why-has-globalization-led-to-bigger-cities/?_r=0.

第四部分

为什么全球化是重要的？

全球化已经成为最近 200 年的变革力量。一些国家选择对全球化不闻不问——朝鲜和 20 世纪 90 年代之前的阿尔巴尼亚。但是大多数国家决定接受全球化并充分利用自己的优势来应对全球化。对富国而言,这意味着将全球化的好处和坏处让所有百姓共享,同时帮助工人为明天的工作做准备。对于发展中国家而言,这意味着实施能让它们工业化的政策。

在很多情况下,这种政策反应背后的想法是基于旧全球化的传统观念。这种观念对于全球化最开始的 170 年而言是没有问题的,但之后就不再恰当。这本书的核心论点就是将这些传统的观念应用到当今的挑战是错误的,因为这种思考根本是一种误导。

哈佛经济学家曼昆(Greg Mankiw)于 2015 年 4 月 24 日在《纽约时报》上给出了一个清晰的例子。他的这篇文章敦促美国国会给予奥巴马总统以权力来通过 21 世纪贸易合约——跨太平洋伙伴关系协定(TPP)和跨大西洋贸易与投资伙伴协议(TTIP)。他写道:

> "对于自由贸易的经济论据可以追溯到亚当·斯密,这位现代经济学的宗师在 18 世纪写了《国富论》……美国应该强化拥有比较优势的产业,并且应该从其他国家进口它们的比较优势产品。"

曼昆的观点也有很多人支持。他是 13 个签署联名信给美国国会的顶尖美国经济学家之一。这些经济学家不是什么无关的人物,他们都在经济学界有着相当的影响力,并且都担任过历任美国总统的首席经济顾问。

无关于他们的威望，这些经济学家都对贸易政策有着深刻的误解。他们正在将旧时代的全球化逻辑应用到新时代全球化的贸易合约上。回到前言里的足球队的类比，这个比喻将 TPP 看作是鼓励队间球员的交换。自由贸易确实让所有的国家都能从"做自己最好的事情并进口别人做的最后的产品"中获益。但是 TPP 更像是足球教练在训练别的球队。TPP 会让将知识移向低工资的国家更加容易——这个结果是亚当·斯密的推理中没有的。

由于大量的全球化政策都产生于旧全球化时代，所以在这个新时代，这些政策都可能是错误的或者至少不是最优的。举个简单的例子，像工会这样的经济组织会在产业和技能工人群组这样的集体层面上组织起来，因为旧全球化对经济体的主要影响发生在这个层面上。而且国家教育策略也会把孩子往那些有前景的职业上进行教育，因为旧全球化已经给出了哪些是朝阳产业，哪些是夕阳产业。同样地，世界各国政府也在制定政策来减少受到全球化负面影响的产业工人的痛苦。但大部分的政策在今天的全球化中是不合适的。如今的全球化有着更突然的影响，对每个个体的影响不尽相同，也不能为政府所控制，更重要的是，根本无法预测，就像在第 5 章中所说的那样。

结果，我们不可能得到应对已经变化的全球化的解决方案。新全球化时代使得政府的日子更难过了。但是更令人困扰的是，政府和分析师们仍然在用旧时代的模型来理解新全球化时代的各种现象。

第四部分介绍了一系列基于新全球化的政策。第 8 章聚焦于发达国家的政策安排；第 9 章聚焦于发展中国家的政策安排。

8　重新思考 G7 的全球化政策

"进步的艺术在于在变化中保持秩序,在秩序中保持变化。"正如阿尔弗雷德·怀特海(Alfred Whitehead)的座右铭所说。这句格言总结了全世界的政府在全球化过程中遇到的挑战,但尤其针对发达国家。

从政治的角度来看,事情的症结在于进步需要变化,但是变化却包含了痛苦。如果政府想要民众支持不断的进步,民众就必须有一种进步带来的好处和坏处都会被共享的信念。至少在富国,这种信念很少存在。根据 2014 年皮尤研究中心的民意调查,60% 的意大利人,50% 的美国人和法国人,40% 的日本人认为贸易会摧毁他们的工作。[1]

本章节主要提出了基于全球化的这些变化对于政策的重新思考。我们依次来考察竞争政策、产业政策、贸易政策和社会政策。

重新思考竞争政策

"竞争"不再像以前那样了。当这个概念在 20 世纪 90 年代流行起来的时候最乐观的是无益的,更可能是有害的。[2] "竞争力问题"的提出者用有力的比喻和激进的流行语使观众陶醉,赢得了国家的高度关注。但只有一点知识的皮毛可能是一件危险的事情。在这种情况下,竞争更像是被优雅的言辞所修饰而成为一种"危险的痴迷",正如保罗·克鲁格曼所说。[3]

伤害是由那些经济学大师们处理这个问题的方式产生的。竞争这个词使人联想到胜者和败者；什么对你是好的对我就是坏的，毕竟我们在竞争。政策的制定者开始将国家问题视作一种竞走，但实际上这些问题更像是减肥。有些人赢得了竞走，有些人却输了；这个结果取决于相对的表现。但当我们说到减肥的时候，我们都在竞走中得到了好处，减肥取决于我们自身的努力而不是相较于他人的表现。

幸运的是，政府得到了教训。如今，竞争政策已经成为了增长政策的附属品了。政府开始重新把重点拉回到如何提高国民生活水平上了。和其他国家的比较只是为国家提供了一个榜样，却不是竞争对象。

竞争政策的新思考

传统的全球化范式认为生产是国家内部的事情。这种思考，见专栏 8.1，为政策提供了很好的导向。促进增长的竞争政策必须支持投资于人力资本、物质资本、社会资本和知识资本并且保证这些资本能得到很好的利用。

如果这些生产阶段仍然捆绑在工厂中，或者至少在国家里，在这些资本上引资会促进增长。这使得政府不再关注什么样类型的资本应该需要投资，而是专注于增加投资的量。事实上，政府聚焦于市场失灵问题，也就是说，为什么市场自身不能有足够的投资。市场失灵只是答案的一部分。当我们把简单化的情形放在脑子里，就会想出好的政策。政府应该聚焦于由于市场失灵而导致市场没法提供的投资。政策选择经常包括：

（1）政府资助研究促进知识资本的投资、私有部门的研发补贴、税收优惠和对研发导向的大学的补助。

（2）通过教育、职业培训和再培训的政策来推进人力资本投资。

（3）促进基础设施和社会资本的投资。

我们应该集中于思考什么样的政策能获得最大的共赢（答案一般是研发）或者能纠正最多的市场失灵（答案一般是基础设施投资）。

> **专栏 8.1 增长的必然逻辑**
>
> 要提高生活水平必须提高产量，这是因为国家收入取决于国家总产出。GDP 是对产出和收入的衡量，因为谁生产了什么，他就拥有了什么。
>
> 年复一年不断提高产量需要工人、农民、技术人员和经理不断提高他们的产值。这又需要更多更好的工具来支持——这些所谓的工具就是物质资本（比如机器、基础设施等），人力资本（技能、经验、训练等），社会资本（信任、法律、社会正义）以及知识资本（技术、产品研发等）。

在碎片化而自由的世界里的竞争政策

在第二次解绑时，世界变得更加碎片化也更加自由，所以政策制定也会变得更加复杂，就像我和圣加仑大学的经济学家西蒙·伊文尼特（Simon Evenett）在 2012 年为英国政府写的文章中所提到关于价值创造和工业品贸易那样。[4]

文章的主要观点是好的政府应该仔细区分能够在全球流动和不能在全球流动的生产要素。两种类型的要素都很重要。两者都对国内生产总值有贡献，但是正如伯克利的经济学家恩里克·莫雷迪（Enrico Moretti）在他的必读书《新就业地理学》（*The New Geography of Jobs*）中所指出的那样，G7 国家中所产生的好的工作有本地乘数效应，但在 G7 国家之外由 G7 公司所创造的好的工作就不会对 G7 国家有这种效应。[5]

二维评价体系

由于某些形式的资本会外逃，因此当我们考虑政策时就必须关注不同要素的"黏性"。和之前一样，只有当市场缺少了某种东西的时候，政府的干预才是好的，因此溢出效应很重要。当我们把两种观察结合在一起就会自然地得到一个对生产要素的二维评价体系——它们的流动性和它们潜在的溢出效应。图 8.1 系统地展示了促增长政策的潜在目标的一般概念。

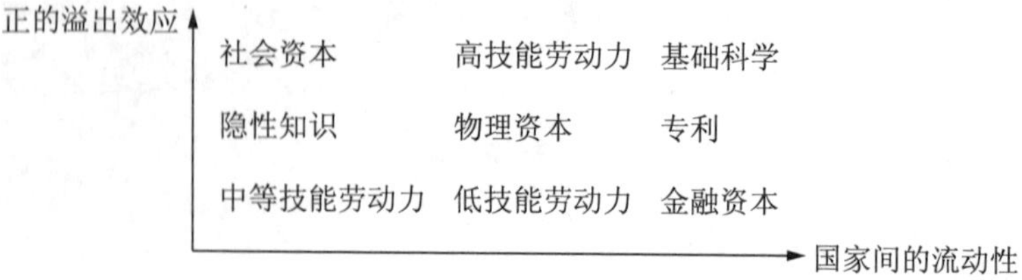

图 8.1　政策目标：要素黏性和潜在溢出

发达国家的竞争政策有一个常见的特征，就是对某些诸如人力资本、知识资本和物质资本这些生产要素上的推进和提升。传统的制定这些政策的理由是这些要素的社会回报比私人回报要高。因此，这就是一种市场失灵，如果没有政府干预，市场会低投资于这些要素。因为市场中的决策个体无法将该投资的"正的溢出效应"考虑进来。在第二次解绑之前的世界里，有多少溢出效应可能是经济政策制定者主要的关注事项。

但如今，比较优势的来源可以在国家之间流动，经济政策制定者现在还应该考虑生产要素的黏性。举例来说，如果美国为了支持它的新产品的研发生产给予税收优惠，但大多数由该产品所产生的经济附加值都发生在国外，那么这种所谓的"正的溢出效应"就不能给美国的纳税人带来好处。

资料来源：根据 Baldwin and Everett（2012），Figure 10 修订。

为了促进 G7 国家的生产，制定针对高度流动的要素的政策，诸如金融资本和基础科学，很有可能只会对工业生产有很小的影响。新创造的资本只会流向回报最高的国家。那些制定了政策的国家必须为这个政策付出代价，但是只能得到很小的一部分回报。所以言下之意就是需要有国家间的协同才能获得应得的回报。再来看不怎么流动的要素，诸如物质资本，它在国家间不怎么能流动，尤其是在这些物质资本成为沉没成本之后，并且它能立即产生溢出效应。

高技能劳动力有低流动性和高溢出效应，成为富有吸引力的生产要素。这就是为什么政府相信对技术教育补贴是促进国家工业竞争力的最佳途径之一。

一个好的思考方式是改变这个问题的问法，来看看很多国家是如何制定促增长政策的。比如，那些吸引国外高素质，高技能劳动力的政策在我们这个框架中就是非常有意义的。美国的 H-1B 签证就是一个有名的例子。在瑞士，这种政策仅对医生有优惠。

有四分之一在瑞士行医的医生拿的是国外的医师证——有德国的、法国的、意大利和奥地利的。医生去往瑞士工作是因为那里有更高的工资和更好的工作条件。由于这些国家的医药学校不收取任何学费，所以瑞士的医疗机构享受着它的邻近国家的补贴。

这种教育政策的副作用是非常明显的。但正在国际生产网络中发生的同样的事情就不那么明显了。当开利（Carrier）在 2016 年宣布将关闭其在印第安纳波利斯的工厂并将生产转移到墨西哥时，这件事实际的结果是这家公司利用国家给予其的税收减免在国外创造了就业机会。这并不意味着外包是错误的，这也不意味着研发补贴是错误的。这个事实只是说明了研发补贴政策的制定必须结合新全球化时代的特征。

我们继续看示意图，隐性知识（tacit knowledge）相比于高技能劳动力有着更低的流动性与正的溢出效应。这种知识可以鼓励生产集群和园区的形成。这种知识很难直接推广，但是它有一种优势，就是离开创造它的国家就不能运作。这种独特的组合解释了为什么这么多国家试图建立产业集群或中心。中等技能和低技能工人的职位不需要特别解释，他们的特征就是他们的公共和私人利益联系在一起。

最后，每个国家，甚至每个国家的每个地点，具有"社会资本"，影响所在地对工人和公司的吸引力。社会资本意味着人与人之间的互动依赖于信任和可靠性。游历四方的读者会知道，社会关系在多大程度上受到这些无形因素的影响变化很大。由于经济互动需要信任，社会正义感和信任感的存在可能是一个吸引经济活动的重要因素。就溢出效应而言，社会资本非常本地化，但它却有着跨多个阶段和部门的收益。

流动性和溢出效应的框架还需要加入风险这个因素。也就是说，有些就业和经济活动易受新全球化变迁影响，而这些影响部分取决于它们在全球价值链中的地位，我们需要将这些因素纳入到考虑中来。

当价值创造只发生在单个工厂或者至少在一个国家中，政策制定者没有必要去担心他们国家的工人在经济体生产网络的哪个生产阶段工作。但当生产过程被碎片化而且分布在全世界，那么这个问题就显得很重要。

如果一个特定的活动只服务于一种类型的消费者，那么消费需求的转移就会导致供应商的外包。毕竟，经济活动倾向于发生在消费者周围。相比之下，如果劳动者从事生产的产品和服务是很多行业必需的中间品，那么他将更容易适应未来的全球化。这个观点的逻辑基础其实就是不要将所有的鸡蛋放进一个篮子里。

当政府想要促进竞争政策时，相似的思考方式可以应用到不同种类的技能劳动力上。这里需求的集中程度和劳动技能的弹性（指适用范围广）就很重要。

人力资本是关键

在这个关于生产要素的目标清单中，当我们考虑竞争政策的新范式时,人和技能可能是最重要的。出于个人原因,大多数工人不能国际流动,所以国内对人力资本的投资会留在国内。另外一个人力资本流动性较差的原因是集聚作用。有技术的工人经常会在集聚的经济体中工作。正如第 6 章所讨论的,人才的聚集所产生的人才与人才间的溢出作用要比仅仅把人才加在一起要多得多。这也意味着这种集聚可以给予人才更高的工资待遇。

人力资本的另一个好处是很有弹性。那些在某个产业里表现出色的人才经常能在其他产业或者其他生产阶段表现出色,这使得工人能够适应变化的需求。人力资本在投入产出结构中也处于中心地位。不同产品和生产阶段都需要高技能劳动力作为要素投入,所以公司对这些工人的雇佣需求也是稳定的。

重新思考产业政策

G7 国家政府一直以来都对制造业就业十分关注,尤其是在工厂里的就业,而且它们现在仍然很关注。虽然这或许掺杂了很多政治原因,但是也有很坚实的经济论据为这种做法作为支撑。这种论据建立在生产力发展的基础上。

一个多世纪以来,制造业一直是生产力提高的首要因素。很大一部分的进步来源于制造业中产品和生产过程的创新。工厂在过去被看作是空间固定的。不管怎么样,只要所有的生产阶段都能放在国内,生产就是一个国家的事情,而且工厂就是生产力提高的标志。

从 20 世纪 90 年代开始的碎片化和生产阶段的外包改变了现状。制造业的价值链被碎片化,很多劳动密集型的生产阶段连同 G7 国家的知识一起被外包出去。这种高技术和低工资的组合很大程度上降低了生产成本。但是这种商品制造没有包含制造前后的服务阶段,其结果就是在第 3 章中展示的微笑曲线。

不管政府想要更多优质的工作来促进就业还是想要促进国家出口的竞争力,这个将价值创造转向服务的新时代要求政府应该在产业政策中更少地关注工业生产。

不需要制造的优质制造业岗位

当类似优衣库这样的公司开始将它的高端知识和低工资结合在一起的时候,制造业的附加值直线下降。这使得日本工人在生产上不可能与中国工人相抗衡。所以如果日本政府想要增加这种就业就是愚蠢的。在日本仍然有很多优质的制造业相关的岗位,但有趣的是,它们大多集中在服务业。政策制定者应该相应地从更广泛的角度来看待"优质岗位"这个概念。

前面提到的集聚经济产生了另外一个重要事实:人力流动性较差的岗位更可能是优质岗位,反过来亦然。正如莫雷迪所写:"对于创新,一个公司的成功取决于它周围的整个生态系统……与传统的制造业想比,要使创新非本土化要困难得多……不仅要将一家公司移走,还要带上整个生态系统。"这段话对于很多服务创新也是适用的。

当制造业的服务化程度越来越高,一个国家的工业品出口的竞争力就会越来越依赖于本地提供的广泛的优质、价格合理的服务。从这个意义上说,优质多样的服务业应该成为 21 世纪产业政策的基础。结果,G7 的产业政策不能仅仅考虑制造业或者至少不能只考虑工厂生产意义上的制造业,它应该包括支持制造相关的服务。

丢芝麻还是丢西瓜?

我们可以从现实中第二次解绑的另一个公司案例中得到一些教

训。当戴森在 2003 年将生产转移到马来西亚，这件事在英国媒体上引起了轰动。在英国《每日邮报》的头条，工会的官员罗杰·莱昂斯(Roger Lyons)说道："戴森摧毁了 800 人的就业机会，这些就业机会被外包出去并且还可能失去在供应链中相关联的公司的百余就业机会。他背叛了英国制造业和英国的消费者，正是有了这些消费者，才有戴森和其产品的今天。"

公司创始人和拥有者詹姆斯·戴森(James Dyson)为公司的这个决定进行辩护。在英国《卫报》的采访中，他说道：

> "正是因为我们将生产外包出去，我们现在才能是一个更加富有活力的公司，如果我们不这样做，我们是否能够长期生存下去是存疑的……我们在 Malmesbury(英国网站)雇用了 1 300 名工程师、科学家和企业运营人员。从某种意义上说，将生产转移到马来西亚的决定对英国不利，因为我们不再雇佣体力劳动者了。但我们现在可以支付更高的工资和拥有更高的产品附加值水平。"

戴森看起来作了一个正确的决定。

根据《金融时报》2014 年的报告，戴森将于 2020 年在英国创造 3 000 个科技工程师岗位。现在主要的问题是高技能劳动力的缺乏。戴森说道："我们希望在 Malmesbury 网站中找到这样的劳动力，但是英国每年有 61 000 的工程师短缺，要找到他们是十分困难的。"但是他强调，英国仍然是一个具有创新活力的地方，尽管工程师很稀缺。

将重点放在服务上，自然而然地就会产生一个问题，就是应该为这些劳动力提供怎样的基础设施建设。或者换个说法，该为这样的产业活动提供怎样的产业园区？

城市是 21 世纪的工厂

根据哈佛经济学家格莱泽所说，聪明人愿意集中在城市中因为这让他们变得更加具有生产力。这对于富国竞争政策制定的意义是明显的。人力资本和城市可能会是 21 世纪工作蓝图的基础。城市是人们相遇并且建立纽带的地方。人们在城市里交流想法，并且不同的想法相互碰撞，就会产生更好的想法。城市也是新科技和新公司最繁荣的地方。

城市也能最优化工人和公司的匹配以及供应商和消费者的匹配。在这个意义上，城市变成了技能池——或者说，"大脑中枢"，正如莫雷迪所言。这种城市的成功和人力资本紧密地联系在一起。20世纪城市发展的一个最重要的指标是城市的技能水平。

即使制造业是分散的，人们仍然聚集在一起的原因是，可贸易部门的高技能工作也往往受到更多面对面的需求以及集聚经济的影响（见第 6 章）。在关于美国的文章中，恩里克·莫雷迪解释了集聚的力量："与传统产业相比，知识经济更具有地理集聚的内在倾向……一个城市的成功促进了更多的成功，因为能够吸引熟练工人和优质工作的社区往往会吸引更多的人和就业。未能吸引熟练工人的社区将失去更多。"

荷兰政府正是沿着这条思路制定政策的。《2040 的荷兰》(*The Netherlands of 2040*)这个由荷兰经济政策分析局所写的报告给出了这些政策的结果。报告指出信息与通信技术的发展导致工作环境更加一体化。"城市是高素质人群聚集的地方，是新公司发展繁荣和人们面对面交流的地方。这些特征都促进了生产力的提高。结果，城市就是生产力增长的地方。"

这种政策含义对于荷兰报告的作者而言是非常清晰的："城市不

能被仅仅认为是人类聚集在一起,而应该是更加复杂多变的工作场所,它创造新的知识和新的做事方式。"

优质的岗位可能仍然和制造业联系在一起,但是它们将是制造前后的服务类生产阶段而不是所谓的制造。很多这样的岗位将会聚集在城市里。

将这些已经提到的关键点结合起来,我们认为 G7 国家的政策制定者应该:

(1) 不再关注制造业出口,而是注重制造业出口中的服务投入;

(2) 不再关注货物部门,而是注重服务部门;

(3) 不再认为国内工厂是工业基础,而是认为服务部门是 21 世纪的工业基础;

(4) 开始将城市视为生产中心,培育多样化、世界级服务的快速重组。

说得不好听一点,运转良好的城市是 G7 政府保证 I6 国家不会夺走就业机会的一种方式。

重建队伍:社会政策

新全球化时代打破了不成文的社会契约,这个契约起着联系劳动力和技术的重要作用。在旧全球化时代,一种技术的兴起可以抬升所有的"船"——即使有些人搭乘了大船,有些人只搭乘了小船。但在新全球化时代,一种新兴技术可能使外国工人和本国工人得到同样多的好处。我们用一个例子来说明这一点。

南卡罗来纳州过去有很多纺织厂的工作,但这样的时代结束了。当地有人风趣地调侃道:"现代纺织厂只雇佣一个人和一条狗。有人在那里喂狗,狗在那里是为了让人远离机器。"亚当·戴维森在《大西洋月刊》上的文章中写道(正如第6章所提到的)，来自中国和墨西哥的竞争使得大多数工厂关闭了，其余的工厂都变得"几乎完全智能化了"。低技能的美国制造业劳动力要与机器人和墨西哥人竞争。但他们都输了。

但这并不全对。在旧全球化时代，南卡罗来纳州的工人非常有竞争力即使他们的工资很高，因为他们有美国的高新技术作为垄断。新全球化时代使这个群体四分五裂。南卡罗来纳州的工人们如今不再能够与墨西哥的工人、墨西哥的资本、墨西哥的技术相抗衡了。他们的对手是美国的技术和墨西哥的工资组合。对于本国的群体或者说是竞争的队伍而言，这场全球化已经不算是一种竞争了，因为他们几乎不可能获胜，因此他们害怕全球化。

这对社会政策而言又意味着什么呢？由于进步总伴随着牺牲，政府想要推动国家进步就必须找到一种可以在所有的百姓中分享全球化好处和坏处的方法。尽管这总是对的，新时代的全球化意味着G7政府更需要保护工人而不是岗位。更重要的是，由于当今的全球化要求工人具有更大的技能灵活性，因此更重要的是确保劳动力的灵活性不会导致不稳定的生活水平。政府需要提供经济保障，帮助工人适应不断变化的环境。

重新思考贸易政策

在第二次解绑之前，贸易政策大多数都是关于贸易的。出口实际上是一个国家生产要素的一种集合。从政治的角度来看，贸易政策是帮助这个国家的公司把东西卖到国外。

在第二次解绑之后的贸易政策就不仅仅是关于贸易的了。出口和进口是多个国家生产要素的集合。最大化一国生产要素的附加值其实还包括了一些在全球价值链中的其他国家的生产要素。在戴森的例子里,外包可以帮助在英国创造更多新的岗位,并且工程师可以得到更高的收入。贸易政策因此需要让全球价值链合作得更加顺畅完美。

对 G7 国家而言,这种贸易政策的新内涵意味着要帮助它们的企业最大化其有形和无形资产。为了理解这一点,我们应该重新思考所谓的商品。我们可以将丰田陆地巡洋舰不看做一款车,而只是日本劳动、资本、创新和管理、营销、工程和生产知识的组合。在 1982 年,丰田陆地巡洋舰可以出口到世界上任何一个国家去,而不用担心目的地的知识产权问题,因为那个时候基本上不可能将各个生产要素的作用从这个最终产品上剥离开来。丰田无形的知识产权受到日本法律的保护,在国外由于物理因素,"肢解"陆地巡洋舰是困难的。但现在,事情全都不一样了。[6]

如今,丰田在很多国家组装陆地巡洋舰,并且从很多国家进口零部件,包括发展中国家。由于所有零部件都必须无缝对接,丰田不仅依赖当地的技术。它将日本资本、日本本土创新和日本本土技术与当地劳动力相结合,来为国际供应链生产零部件。结果是物理因素会导致丰田的无形资产受到越来越少的保护。

换句话说,生产的碎片化会使得无形资产的保护变得脆弱。更为严格的条款是必要的,以确保获得丰田工厂的发展中国家尊重丰田的产权。这或多或少是区域贸易合约(RTAs)和跨太平洋伙伴关系协定(TPP)的目标。

但是哪种条款才是需要的呢?第 3 章讨论了现在包含 RTAs 在内的各种严格的条款以及一些具体的例子。这里我们提供一个框架来思考必要条款的类型和性质。

当我们谈及条款和规则的时候,贸易政策的关键不同在于不断增加的跨国界的复杂度和关联度——这可以被称为贸易—投资—服务—知识产权的集合。这种集合意味着两个种类的条款。

第一类包括方便公司在海外从事业务。当企业在国外建立生产设施，或者和国外供应商建立长期的纽带，它们就会让其资本、技术、管理、市场营销暴露在新的国际风险下。这种对有形和无形产权的威胁成为了21世纪的贸易壁垒，因为全球价值链不能为参与其中的企业提供这样的保障。比如：

（1）对国外知识资本持有者的公平对待和保护他们的知识产权会促进显性与隐形技术和知识产权的共享。

（2）产权保护、企业权力保护和反竞争行为保护会促进对外投资，这些投资用于对工人和经理的培训，建立工厂和发展长期的商业合作伙伴关系。

（3）对商业相关的资本流的保护——从对外直接投资到利润汇回——也会帮助促进贸易—投资—服务组合中的投资部分。

第二类条款包括所有不同的以保证国际生成设施能够保持连接的政策。及时向客户提供高质量、价格有竞争力的产品需要通过商品、人、思想和投资的持续双向流动来进行生产设施的国际协调。比如：

（1）连接工厂通常涉及注重时间安排的航运、世界级的电信以及管理人员和技术人员的短期流动，因此对基础设施服务和签证的保证是重要的。

（2）关税和其他跨国界的税收也是重要的，就像它们在20世纪一样重要，但是也许现在更为重要，因为当生产链碎片化后，单个货物的附加值率在下降。

这个清单指出了四种21世纪的贸易壁垒类型，这种贸易壁垒在20世纪都是不存在的：竞争政策（在美国称为反托拉斯法）、资本流动、知识产权和投资保护。还有一项是商业流动性——就是保证技术人员和经理的短期签证。

全球价值链几乎没有全球制约条例。这个 21 世纪的国际贸易方式目前只得到了区域贸易协定、双边投资条约和发展中国家单方面改革组合的支持。但是供应链的管理在迅速地进步。G7 国家，尤其是美国，做出了很多努力，它们尝试签署"大区域"管理条约——比如跨太平洋伙伴关系协定和跨大西洋贸易与投资伙伴协议——以及"大双边"比如欧盟和加拿大的双边协议或者日本和欧盟的双边协议。这是一个重要的进步；我们需要一个系统的规则，因为全球价值链牵涉很多个国家。

专栏 8.2　发达国家政策含义概要

这个章节展示了理解新全球化影响的更深层次的原因——尤其是全球化现在包含了大量的北方国家技术和南方国家劳动力相结合的全球价值链的生产方式——告诉我们发达国家需要重新制定竞争政策、经济增长政策、产业政策和社会政策。

具体地说，在这个更加碎片化、更加自由的生产时代，竞争政策应该更多地考虑生产要素的"黏性"以及私有部门所忽略的生产要素的溢出效应。产业政策应该将重点从工业转移到生产性服务业就业上。更重要的是，因为很多这样的就业将持续留在北方城市，政府应该把城市作为 21 世纪的工厂。城市政策应该把重点放在国际竞争上。最后，在新全球化时代，G7 国家的劳动力和技术之间的矛盾应该由更积极的社会政策来调解。这种政策将重点放在工人上，而不是岗位上；放在帮助产业和工人适应全球化的变迁而不是试图抵抗这种变化上。

注释

1. 皮尤研究中心的报告"Faith and Skepticism about Trade, Foreign Investment," September 16, 2014, based a poll of forty-four nations, http://www.pewglobal.org/2014/09/16/faith-and-skepticism-about-trade-foreign-investment/。

2. 参见 Paul Krugman, "Competitiveness: A Dangerous Obsession," *Foreign Affairs*, March/April 1994;载 Richard Baldwin, "The Problem with Competitiveness," in *35 Years of Free Trade in Europe: Messages for the Future*, ed. Emil Ems(Geneva: European Free Trade Association, 1995)。

3. Krugman, "Competitiveness: A Dangerous Obsession."

4. Richard Baldwin and Simon Evenett, "Value Creation and Trade in Twenty-First Century Manufacturing: What Policies for U.K. Manufacturing?" in *The U.K. in a Global World: How Can the U.K. Focus on Steps in Global Value Chains That Really Add Value?* ed. David Green away(London: Centre for Economic Policy Research, 2012).

5. Enrico Moretti, *The New Geography of Jobs*(Boston: Houghton Mifflin Harcourt, 2012).

6. 我于 2012 年的论文中首次提出这一观点:Richard Baldwin, "WTO 2.0: Global Governance of Supply-Chain Trade," Centre for Economic Policy Research, Policy Insight No.64, December 2012, http://www.cepr.org/sites/default/files/policy_insights/PolicyInsight64.pdf。

9 重新思考发展政策

在 2012 年，只有超过 20 亿人——也就是地球人口的三分之一——生活在世界银行界定的贫困线——每天 3.1 美元以下。大致来讲，这 3.1 美元只能购买食物、衣物和遮盖物，如果再有一些意外发生，这些人就会死。严重的传染病、洪水、盗窃或者难产都可能是致命的。尽管这一统计数据令人沮丧，但令人惊叹的是，这个数字其实已经是在新旧全球化时代交替后开始下降的结果。要知道在 1990年，世界上有三分之二的人口生活在 3.1 美元的贫困线以下。

全球范围内贫困人口的减少大部分来源于受到新全球化影响的屈指可数的几个发展中国家——尤其是中国。很显然，一些重要的、崭新的发展正伴随着第二次解绑蠢蠢欲动。在我看来，这种变化来源于国际生产重组，也就是所谓的全球价值链革命。

在 1990 年之前，成功的工业化意味着在国内建立起供应链，因为那是变得更有国际竞争力的唯一方式。所有现在的发达国家过去都这么干；韩国是最后一个这么干的国家。然而，如今有了不一样的路径。发展中国家通过参与国际供应链分工来获得竞争力并且迅速发展，这是因为外包生产方式带来了经济增长的动力，如果没有这种动力，则需要几十年的国内发展来达到相同的发展水平。

虽然新全球化的革命性影响正在被纳入对发展的思考，但 20 世纪的思维模式依然存在。所以这一章首先回顾这些旧思想。除此之外，本章还将提供一个极好的"跳板"，用以组织对新思维的反思。

值得注意的是，这一章建立在我的论文《第二次解绑全球化之后的贸易和工业化》之上，但是它同时也采用了世界银行新项目中的内容,这个新项目研究了怎样通过全球价值链推进发展。[1]

对产业发展的传统思考

根据著名发展经济学家大卫·林德尔(David Lindauer)和兰特·普里切特(Lant Pritchett)所划分的方式,关于发展的主流思考主要有三代——或者说两个阶段和一个子阶段。在他们的 2002 年的文章《什么是大思想? 第三代经济增长政策》中,他们提到了第一代"大思想"是如何具有超乎寻常的影响力的。[2]这个政策的理论上的优雅和隐含的乐观主义吸引了大多数后二战时期的政策制定者。而且如今仍然在拉丁美洲和非洲有很大的影响力。

保罗·克鲁格曼在他著名的随笔《发展中经济体的起落》中将这个第一代发展政策称为"高度发展理论"。他写道:"高度发展理论可以概括为发展是由外部经济推动的良性循环。"发展中国家很难使这个良性循环运作起来。他继续道:"在很多版本的高度发展理论中,自我增强作用来源于个体生产商的规模经济和市场规模间的相互作用。"[3]政策制定者的工作就是让这个良性循环运作起来。

在第一代理论中,标准地实施这个"大推进"政策的方式是将进口关税提高到天价来让本地生产满足本地市场需求。这个政策被称为进口替代产业政策,它的失败给很多发展中国家带来了 20 世纪 80 年代的债务危机。

第二代理论被称为"华盛顿共识",也包含了同样的良性循环,但更多地依赖于自由市场作为这个循环的基础和开端。在林德尔和普里切特完成他们的论文的时候,人们对第二代理论的热情已经消失了。因为很多国家尝试了这样的政策,但很少有成功的。成功的案例,诸如中国,更像是在否定这种学说。因此这两位经济学家将亚洲尤其是中国的成功称为谜。

接下来就是一个,正如哈佛经济学家丹尼·罗德里克(Dani Rodrik)在他的书《一种经济学,多种药方》中写道:"可能正确的方式就是放弃寻找所谓的'大思想'"。[4]虽然只有一种经济学,但有很多方式可以应用它。但是这不是真正的第三代大思想。正如林德尔和普里切特指出的:"现行的一种政策不能适应所有的经济体的想法本身并不是什么'大思想',反而是在表达我们缺乏这种'大思想'。"这一章提出只有当我们仍然用旧全球化时代的思想来理解新全球化对发展中国家的影响时,才会认为中国和其他迅速工业化的经济体的成功是令人困惑的。因此所谓的"大思想"应该建立在全球价值链革命的基础上。

为了将这种推理逻辑变得更加的简洁易懂,我们接下来考察一系列例子。这些例子集中考察一些国家发展世界级汽车行业是如何成功的,而另一些国家又是如何失败的。

一个启发性的案例研究：汽车

在我的论文里,汽车行业似乎是第一代发展理论所青睐的进口替代战略的理想对象。一个国家可以从简单的组装开始,然后从组装中所需要的零部件开始来生产这些之前需要进口的零部件。这种进口替代过程是非常容易实施的。

第一步涉及业界所称的"完全拆卸"套件(CKD)。CKD从母厂运到一个集装箱里,里面装着制造一辆车所需的所有零件。在母厂经理和技术人员的帮助下,购买该套件的发展中国家可以将其组装成汽车,这一过程与业余爱好者从一盒塑料零件中组装模型飞机的过程并无太大不同。

CKD 的优势在于，政府官员可以宣称，他的国家正在发展汽车工业的途中。不利的一面是，下一步——用本地生产的零件替换进口零件——几乎从未奏效。许多国家试图利用进口替代战略发展具有国际竞争力的汽车产业，但几乎都失败了。两个主要的困难解释了失败：小市场和技术困难。

考虑到在母厂组装套件和在效率低下的当地小工厂中进行组装所需的所有费用，这种汽车在世界市场上完全没有竞争力。因此，销售仅限于当地市场，当地销售受到人口少、收入低和价格高的各种组合的限制。

事实证明，只有当发展中国家对成品车征收高关税，对 CKD 套件征收低关税，这种套件组装生意才是可行的。例如，1997 年，马来西亚进口小型汽车的税率为 140％，而其 CKD 的税率为 42％。100％的税率差足以补贴效率低下的马来西亚组装商，但这意味着当地的汽车价格非常高。140％的汽车关税保证了本地组装汽车的价格比国际价格高出 140％，这严重限制了本地销售的数量。

第二个问题是技术问题，它有三个方面：(1)汽车中许多棘手的技术实际上体现在零件(例如发动机、排气系统、冷却系统、电子设备)中；(2)这些零件与特定的汽车型号有着非常特殊的联系；(3)这些零件往往与其他零件紧密相连。例如，如果当地一家公司决定用当地制造的系统替换 CKD 中的进口排气系统，它必须以某种方式确保系统与发动机配合良好。这几乎不可避免地意味着，想要成为本地零部件生产商，就需要外国 CKD 套件制造商的帮助。但这种帮助不是经常可实现的。

一个成功的进口替代战略将意味着一个新的竞争对手的出现——这是外国 CKD 制造商不愿看到的。例如，马来西亚第一次尝试建立汽车供应链始于 Proton Saga,这种车基本上是在马来西亚组装的三菱 Lancer Fiore。当然,三菱对 Proton Saga 成为成功的出口商的兴趣很小,因此不可能对它的发展提供帮助。

尽管如此,另外一个发展中国家,韩国,确实参与并且赢得了这场游戏。在长达几十年的时间里,它建立了完整的国内汽车供应链,生产从发动机、刹车到挡风玻璃和轮毂罩的所有产品。这是一个成功的案例。

韩国的成功

从 1962 年开始,针对汽车供应链的各个环节,韩国产业通商部采取了明确的产业政策。最初,韩国组装了成套设备,但由于对国内产业的控制权交给了被称为"财阀"的大型企业集团,与许多发展中国家的情况相比,韩国可以与它的竞争对手进行更平等的谈判。

第一次"大推进"是鼓励韩国的企业进入汽车组装行业。装配操作有助于培养从工业工人的简单技能到经理的操作经验能力。

第二次推动是韩国 1973 年重化工项目的一部分。韩国的装配厂商不得不制定计划,生产一辆符合政府规定的低成本汽车。这个计划推动了韩国本土汽车的生产,即现代公司的 Pony 和马自达设计的汽车 Brisa。本地对这些车的附加值部分占到了整辆车的 85%,但是一些核心部件仍然需要进口。

事实证明,现代的新车型受到韩国消费者的欢迎。到 1982 年,售出了近 30 万辆汽车。虽然出口受到限制,但国内市场推动了公司健康的成长;到 1990 年,产量增长了 10 倍。

韩国政府于 1978 年发起的第三次大推进,结果喜忧参半。政府推动这些公司进行大规模投资,但由于 20 世纪 80 年代初的经济低迷,这些投资最终是亏损的。

　　作为回应,韩国产业通商部对这些公司进行了重组,并重新调整了整个行业的方向。这一想法是把重点放在出口市场上,特别是美国市场,以实现竞争所必需的大规模生产。重组的一个重要组成部分包括质量升级和对新工厂的投资。最关键的是,现代公司还在美国和加拿大建立了自己的经销商网络,以确保能够接触到那里的消费者。

　　在这件事里,运气也起了作用。20 世纪 80 年代,日本汽车出口的迅速增长,在美国引发了保护主义的反弹,而与此同时,韩国也试图进入北美市场。美国政府对日本汽车进口实行配额。由于其竞争对手日本因此步履维艰,韩国对美国的低端汽车出口激增。正如该理论所说的那样,依靠出口到美国实现了规模生产,因为美国这个巨大市场对韩国制造的零部件产生了旺盛的需求,这使得韩国制造的零部件能够在当地以有效的生产规模生产。到目前为止,韩国汽车工业几乎包括了整个供应链。

　　图 9.1 展示了韩国的成功。韩国的成品车出口(上图)正如德国的出口(下图)一样激增。

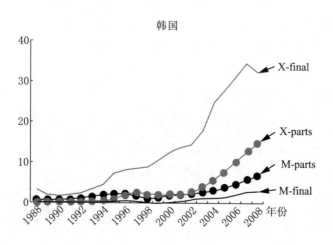

韩国

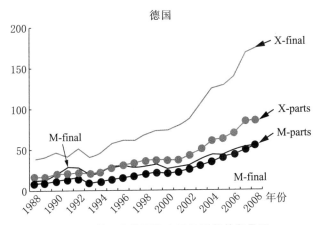

图 9.1　韩国和德国汽车及其零部件贸易图

　　韩国如今的汽车及其零部件的贸易模式和德国很接近——大量的成品车出口（用 X-final 标记）和零部件进口（M-parts）和零部件出口（X-parts）。在亚洲金融危机之前,韩国的增长模式更是一种进口替代的模式。因为韩国出口很多成品车,但进出口的零部件都很少。

　　资料来源:Standard International Trade Classification（SITC）数据来自 WITS 网上数据。

金融风暴和反面教材

　　虽然韩国在这一领域的产业战略在出口汽车方面取得了巨大的成功,但胜利的基础并不牢固。20 世纪 90 年代中期,这些公司的杠杆率非常高,负债率超过了500％。汽车零部件行业遵循标准的进口替代逻辑,限制了外国厂商的参与,并重视国内的专有技术。本土零部件供应商规模小,存在质量和创新问题。这助长了韩国汽车在美国有了可靠性低、缺乏先进功能的不良声誉。

　　当1997 年亚洲金融危机来袭时,四个汽车公司中有三个倒闭了并且被售卖。起亚成为唯一的幸存者,被现代汽车所收购。三星汽车被雷诺收购,而大宇被通用收购。

　　韩国国内供应链在外国投资激增的情况下经历了转变。在金融危机期间，随着外商直接投资（FDI）政策的自由化，数十家世界级零部件生产商在韩国设立了设备工厂。

这样，在韩国国内建立起整个供应链并在国外竞争的战略就被扭转了。韩国从 20 世纪的进口替代战略转向 21 世纪的全球价值链战略。1997 年的金融危机是催化剂，但全球竞争的现实是基础。世界汽车行业已经变得如此注重规模生产，研发成本也上升到如此之高，以至于没有一家公司能够依靠一条国内供应链生存下来。

到了 21 世纪，韩国的汽车行业已经成为全球价值链俱乐部的正式成员。然而，由于韩国在第二次解绑之前建立了供应链，因此韩国现在是总部经济，而不是工厂经济。这可以从图 9.1 中零件进出口的演变中看出。

泰国的成功和马来西亚的失败

韩国的案例表明，一个国家从在国内建立整个供应链转向在国际上建立供应链需要做些什么。接下来的两个例子是，一个国家采用了"加入战略"（泰国），另一个国家采用了"建设战略"（马来西亚）。

像 20 世纪 60 年代大多数雄心勃勃的发展中国家一样，泰国汽车工业本地组装的车依赖进口套件。但该国通过推行微妙的产业政策，超越了这种商业模式。具体来说，泰国提出了外国制造商需要在泰国设厂的内容要求。作为回应，美国和欧洲制造商退出，但日本公司认为泰国将是东南亚及其他地区的一个良好的出口平台。为了满足这些要求，日本装配厂商要求他们的日本供应商在泰国建立生产基地。装配厂商还培训了泰国供应商，帮助它们处理质量、管理和技术问题。这一战略也得益于当时泰国正经历的快速增长——增长肯定与汽车和其他行业的全球价值链革命有关。

值得注意的是，尽管泰国参与了国际供应链，但它没有遵循自由竞争的战略。贸易和 FDI 政策相当宽松,但在战略上使用了"本地含量规则"。其中一项政策,即发动机生产促进计划,规定了发动机装配厂商只使用经过特殊本地加工的发动机零件。

考虑到生产规模较低,这种本地含量规则通常是不可行的,但各日本公司相互合作。它们在泰国国内建立了统一的工厂来制造必要的零件,即发动机。另一项创新是通过专注于特定的细分市场而不是尝试生产全部型号的汽车来提高规模经济。因此大部分汽车业产出是轻型皮卡和货车。

为什么日本公司不害怕来自泰国的竞争?答案是,泰国说服它们,它不是试图成为完全独立的日本的竞争对手,它很乐意成为价值链中的关键环节。这使日本公司很放心将优质的技术带到泰国。泰国现在被称为"东方的底特律"。

马来西亚的故事同途殊归。首先,规模经济的缺乏破坏了它的组装线。每一家外国汽车制造商都渴望向马来西亚出售汽车,因此尽管马来西亚的生产水平很低下,他们还是很想参与到当地的组装环节。不用说,每个车型的本地生产规模很小,使得开发本地组件是不可能的。当地平均汽车附加值都低于 10%。

1981 年,马来西亚的强势总理马哈蒂尔·穆罕默德(Mahathir Mohamad)上台后,他试图在 60 年代和 70 年代仿效韩国的成功,发起一场由国家主导的大跃进。他的"大推进"政策的结果是马来西亚重工业公司(HICOM)。焦点是一个称为 Proton 的"国家汽车项目",它是与三菱的合资企业,但 HICOM 持有 70% 的股份。Proton Saga 的整体设计方案与三菱 Lancer 有着惊人的相似之处。

就本地销售而言,高关税意味着 Saga 比直接进口的汽车便宜得多。因此,它主宰了当地市场。但这个巨大的胜利只是因为 HICOM 的计划在第二次解绑正要摧毁"建立自己的工业化战略"的时候恰好实现了。世界上主要的汽车制造商正将生产工序外包给低工资国家，并提供给它们一些技术解决方案。由此导致的成本竞争力激增，破坏了单一国家汽车生产的经济逻辑。

然而，这一点当时还没有被马来西亚当局很好地理解。在政府的帮助下，Proton 开始在马来西亚国内生产更多的零部件。尽管 Proton 在当地市场占据主导地位，但按全球标准来看，它的产量非常小，尽管它支配了本地市场。

另一个巨大的推动出现在 20 世纪 90 年代，当时 Proton 公司推出了新的车型，并生产出了不同尺寸的发动机。从 1990 年到 1997 年，在马来西亚的产量翻了一番。然而，政府却有着更长远的计划，其宣布了一个新的项目——"Proton 城市"，这将是一个综合汽车制造厂，生产能力在 2003 年上升到 25 万台。在 Proton 迅速扩张的过程中，成立了第二家全国性汽车公司 Perodua。Perodua 是一家与日本汽车制造商 Daihatsu 的合资企业，并生产了 Kancil，它是 Daihatsu 公司的 Mira 车型的改进版。

1997 年亚洲金融危机对马来西亚也造成了很大的冲击，但这并没有改变马哈蒂尔在国内建立汽车供应链的梦想。由于严重的财政困难，Perodua 被出售给了它的日本合作伙伴，但是 Proton 被国家救助了出来，靠近丹戎马林的 Proton 城市也完成了建设。

Proton 推出了一款国产车，采用从英国 Lotus 汽车公司那里购买来的专有技术。然而，这辆车却长期陷入规模竞争的难题中。它的低需求导致每辆车的高成本，这使得 Proton 无法对其汽车进行有竞争力的定价，而这又使得产量很低。

这家公司现在正在苦苦挣扎。它一年只销售 15 万辆汽车，远低于 35 万辆的生产能力。虽然国内汽车市场蓬勃发展，但 Proton 的市场份额被 Perodua 生产的汽车和直接进口汽车抢去了。其出口销售额在 20 年前达到顶峰,但已经可以忽略不计。

　　1997 年亚洲金融危机后,泰国和马来西亚的不同经历以戏剧性的方式出现(见图 9.2)。这幅图的上半部分展示了泰国的汽车产量

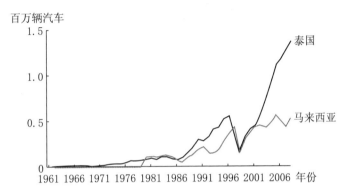

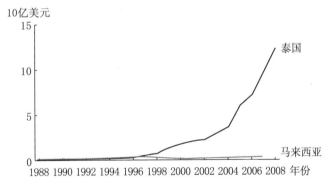

图 9.2　汽车生产和出口:泰国的成功和马来西亚的失败

　　泰国加入全球价值链的成功和马来西亚在国内建立产业链的战略在两幅图中展现了出来。泰国的汽车生产和出口迅速增长,自从它被称为日本汽车公司的出口平台之后。而马来西亚的汽车生产却陷入停滞状态,在国外也没有竞争力。

　　就业方面的结果也同样地显著。到 2005 年左右,大概有超过 18 万的员工在泰国的汽车工业中工作,而相比之下马来西亚的员工数量只有 4.7 万。

　　资料来源:改编自 Wanrawee Fuangkajonsak, "Industrial Policy Options for Developing Countries: The Case of the Automotive Sector in Thailand and Malaysia," Master of Arts in Law and Diplomacy Thesis, The Fletcher School, Tufts University (2006, table 9, figure 1), Malaysia Automotive Association, and Thailand Automotive Institute.

如何从 2000 年开始超越马来西亚的产量。下半部分展示了泰国汽车的出口激增和马来西亚汽车出口的"滑铁卢"。

重新思考工业化

美国总统约翰·肯尼迪（John Kennedy）的首席经济顾问沃尔特·海勒（Walter Heller）曾说过一句俏皮话："经济学家就是这样一种人，当一个想法在实践中奏效时，他会说，'让我们看看它在理论上是否有效'。"我们领略了在国内建立一整条供应链和加入国际供应链在实践中的区别之后，是时候来看一下经济学理论了。这是我们的核心任务，因为理论会告诉我们到底是什么真正发生了变化。

工业化的基础一直被理解为只有一个国家拥有更多的工业，它才能够更擅长工业生产。这是一个典型的鸡和蛋问题：没有鸡就没有蛋，没有蛋就没有鸡。但在马来西亚的案例中我们看到的是销售和规模的难题，而不是更多的工业和更好的工业技术间的良性循环。

或者更积极地来说，难题在于，一个拥有深厚和广泛工业基础的国家可以在全球范围内在各种最终产品上具有竞争力，而这种竞争力反过来又提供了必要的销售量，以证明一个以有效规模运营的工业基础是合理的。马来西亚汽车产业所经历的是这个循环的反面。低规模意味着低销售额，反之亦然。

在经济学的术语中，有一种"多种均衡"的情况。这种情况是值得我们仔细研究的。

多重均衡经济学

正如我们将看到的，全球价值链革命对工业发展影响的关键在于它对多重均衡经济学的影响。为了说明这是如何发生的以及为什么发生,我喜欢使用儿童游乐场跷跷板作为简单类比,因为它完美地阐述了问题(图9.3)。

从工业发展的概貌来看,有两个稳定的结果,即两个均衡。

图9.3 多重均衡,跷跷板和工业化的"最小临界努力"

左面的跷跷板展示了一个具有多重均衡的系统。世界的一种状态是跷跷板左边的孩子在下面,因为大多数人还在务农。于是相应地,右边的孩子,也就是工业必须在上面。而右面的跷跷板展示了另一个均衡。在这个均衡中,右边的孩子在下面,因为大多数人从事工业生产,而左边的孩子在上面。

为了让这个系统从左面的均衡转变成右面的均衡,需要一个"大推进"。右边的孩子必须被推到虚线以下,任何没有推到虚线以下的努力都会使系统重新回到原来农业占多数的均衡中。这个推动的力量大小取决于跷跷板的高度,这就相当于经济体中生产的集中性。

非工业均衡是指国家的大部分生产资源是在农业而不是在工业。这同样适用于跷跷板的类比。在图9.3的左图中,有一个孩子在下面,表明劳动力的优势在农业部门。这必然意味着制造业的就业率较低(另一个孩子在上面)。但这是一种均衡,因为没有工业基础,制造业缺乏竞争力,因此工业中几乎没有就业机会。然而农业中的劳动生产率更高,所以人们愿意耕种土地。

工业均衡正好是上述均衡的反面。正如图9.3右图所示,由于工业达到了足以使其具有竞争力的规模(右边的孩子下降),国家在工业产品方面具有竞争力。这种大规模生产所带来的制造效率使创造和接受工业中的岗位成为一个不错的想法。工人和公司因此也乐于留在工业部门。

跷跷板的类比立刻引发了下一个问题：一个经济体如何从农业平衡走向工业平衡？

"最小临界努力"

在 20 世纪 50 年代，发展经济学家哈维·莱宾斯坦（Harvey Leibenstein）讨论了如何从坏的均衡走向好的均衡。他认为这需要相当大的推动。他的术语"最小临界努力"指的是一种特殊的机制，但它捕获了多重平衡情况下的基本问题。[5]

在图 9.3（左图）中，箭头和虚线显示了最小临界努力。如果工业就业没有超过一定水平（即，如果右边的孩子没有被推到下虚线以下），就无法达到工业均衡。一旦取消对工业就业的人为刺激，农业均衡将重新恢复。

如果相反，工业就业水平被推到了临界点以上，那么工业均衡将是一种趋势，因为自我强化的循环逻辑会占据主导地位，就是一个相当广泛的工业基础使该国的工业具有竞争力，从而增加销售，进而使工业基础得以扩大。

生产阶段层次上的工业化更简单

信息与通信技术（ICT）改变了传统的产业层次思维——例如第一产业农业与第二产业工业。信息与通信技术革命使 G7 成员国将生产阶段分拆并外包给附近的发展中国家。例如，墨西哥在汽车生产的某些生产阶段可能具有竞争力，而无须生产具有全球竞争力的汽车。

这从根本上改变了工业化的基础——不是从工业化的运作方式，而是从工业化的困难程度。在第二次解绑之后，工业化对加入全

球价值链的国家来说变得更加容易,原因至少有四个:

(1)"大推进"可以分步进行。

(2)信息与通信技术革命带来的高度协调可能性使发展中国家更容易出口零部件。

(3)当每个国家在更细分的生产阶段上加入全球化,国家竞争优势会被放大。

(4)对于发展中国家来说,建立单一生产阶段所需的知识比建立整个部门所需的知识更容易被学会。

还有第五个原因很简单,不需要详细阐述:全球价值链使原来的销售—规模的难题消失,因为建立离岸设施的跨国公司已经获得了全球竞争力。对于全球价值链中的公司来说,需求和市场规模不再是一个困难。

让我们分别来考察前四点。

第二次解绑降低了产业集中度

当一个发展中国家加入一个国际供应链时,它可以自由地依赖其他国家的工业基础。因此,发展中国家可以在某一生产阶段内变得具有竞争力,而不必在所有阶段都具有竞争力。多重均衡逻辑仍然适用。工厂必须满足最低有效的生产规模,当地劳动力必须仍然具备最低的能力范围。但是单个生产阶段的规模和范围要小得多。

这直接就意味着工业化变得更容易实现。这一点如图 9.4 所示。与其让整个汽车行业都具有竞争力——韩国做到了而马来西亚没有做到——发展中国家可以在单一的生产阶段提高竞争力。因此政策的制定也从如何设计一个长时间、多阶段的"大推进"的大问题转变为一堆小问题。从示意图上看,产业层面上的大推进由左侧的跷跷板显示,而右侧的则显示生产阶段层面上的小变化。

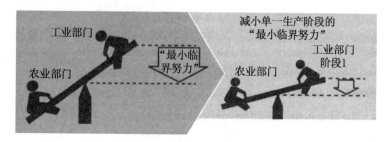

**图9.4　全球价值链通过减小最小临界努力的方式
让一次"大推进"分解成很多次小变化**

从一个均衡转变到另一个需要很多努力。在跷跷板的例子里,推动的强度和持久度取决于高度。越高的跷跷板需要越大的努力。这对经济的多重均衡而言也是一回事。当维持工业需要一个非常大的工业基础,那么这个"大推进"的强度和持久度会超过很多国家的能力。但随着全球价值链的发展,发展中国家可以利用其他国家的工业基础,因此这个大推进可以通过很多小步骤来完成——一次建立一个离岸设施。

换言之,第二次解绑降低了产业的集中度,从而减少了"最小关键努力"的大小,这使得发展中国家能通过加入国际供应链更容易、更快地工业化。

发展中国家零部件出口的不对称开放

这整个从大推进到小变化的改变可能是由信息与通信技术革命对发展中国家出口零部件特别有利的事实造成的。这一点在第5章讲得很清楚。

汽车产业的案例研究表明,发达国家自古以来就向发展中国家出口零部件。第二次解绑使得发展中国家重新得到有利地位。信息与通信技术革命使拥有先进技术的G7公司能够在以前无法想象的程度上监测和控制发展中国家的制造过程。这种控制意味着,在低工资国家生产的零部件可以可靠地投入到全球生产过程中。

下一点在逻辑上就更加微妙了,因为它是关于怎样根据国家的竞争优势划分全球价值链。

更细的分割,更强的比较优势

正如第 6 章中的任务、职位、阶段和产品(TOSP)框架所指出的,每个产品或服务都是几个生产阶段的成果。当所有这些阶段都是由一个国家完成时,最终货物的竞争力是该国在各个阶段竞争力的某种平均值。

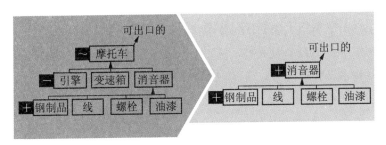

图 9.5 更少的集中性意味着更强的比较优势

第二次解绑放大了比较优势因为不同生产阶段的竞争力不会因为与其他没有竞争力的阶段相平均而被稀释。在这幅图中,发展中国家将无法展现出制造消音器上的竞争力——一旦生产消音器和生产引擎和变速箱结合在一起。由于第二次解绑,国家可以更精确地集中于具有更强比较优势的阶段。这一点对发达国家和发展中国家都是一样的。在逻辑上,一堆生产阶段平均的成本竞争力肯定要低于其中最具成本竞争力的阶段。

这一点,如图 9.5 左图所展示的,意味着即使一个发展中国家在消声器上有非常大的比较优势,但如果这个国家不能仅仅出口消音器,那么这种优势会被湮灭。它若想要更好地发挥自己在制造消音器上的优势,它就必须生产引擎和变速箱——这意味着消音器只有在成品中才具有竞争力。

在第二次解绑之后,发展中国家可以尽情地发挥它在生产消音器上的优势,而不用生产引擎和变速器。在更尖端的信息与通信技术的帮助下,比如,外国的摩托车公司可以以很低的成本时时检测和协调发展中国家的消音器工厂的生产。这从其他生产工序的比较劣势中解放了发展中国家,让它们能够在制造消音器上发挥比较优势。

生产阶段的技术转移取代了行业的技术转移

同样的一点可以在线束的例子中看到(见专栏 9.1),越南能够利用其生产阶段的比较优势来生产线束。从日本到越南的技术转移并不是这个故事的重要部分。然而,在许多情况下,技术转移对于提高离岸生产竞争力至关重要。但一个限制因素往往是发展中国家吸收必要技术转让的能力。毕竟,技术转让通常意味着培训团队并让他们团结工作。

事实上,在第二次解绑之前,这是产业为何集中的主要原因。也就是说,正在尝试工业化国家面临的鸡和蛋问题的最重要的来源之一,是难以管理必要知识的获取和发展必要的地方竞争力。当生产仍然捆绑在一起的时候,一点点的技术诀窍本身并没有多大用处。每个国家为了在某个行业具有竞争力,它必须掌握非常大量的知识和技术。但这种行业层面上知识的集中性使得几乎没有国家能够克服这样的挑战。

通过允许发展中国家一次只关注一个部分或一个阶段,全球价值链革命使知识吸收更加容易。因为制造产品所必需的技术和技能基础可以一点一点地被吸收。同样地,拥有先进技术的公司在传授知识时也会感到更自在,因为它们并不是真正为自己建立竞争对手。它们正在提高供应商的质量和生产力。这些要点可以在哥伦比亚的 Tabasco 案例中看到(见专栏 9.2)。

专栏9.1 线束：越南出口自动零部件

Sumitomo 电气工业有限公司是日本最大的电线、电缆和光纤供应商。1996年，该公司将线束的生产转移到越南，成立了Sumi-Hanel 线束系统公司。

线束是用于汽车和其他机械的电线组件。线束固定导线以防损坏，并减少在最终产品中所占的空间。使用预制线束也使最终良好的装配更快、更规范。

线束的制造包括将电线切割到合适的长度，剥去绝缘层，并将连接器安装到端部。在工作台上把电线组装并夹紧在一起，套上保护套。这个过程变得越来越自动化，但是由于许多不同的生产过程和广泛的设计，许多工作仍然是手工完成的。线束并不是通用的，是为每个最终产品专门设计的。

线束的制作可以作为最终产品生产的一个单一阶段。由于大部分原材料都是进口的（因此其质量是可控的），对先进机械的要求很低，而且是劳动密集型的，所以这一阶段是海外生产的理想选择。

在第二次解绑之前，越南很难在这一特定的生产阶段利用其比较优势。为了确保整个系统无缝工作，线束生产阶段必须与许多其他阶段协调进行。然而，第二次解绑使发展中国家能够更好地逐步利用这些比较优势，而无需首先在国内构建整个供应链。

专栏9.2 知识转移：哥伦比亚的 Tabasco

对于美国辣酱品牌 Tabasco 的国际供应链而言，单阶段技术转让至关重要。Tabasco 的老板，美国公司 Mcllhenny，想以较低的成本采购辣椒，因此转向了哥伦比亚的一家公司 Hugo Restrepo。

为了确保生辣椒和辣椒酱符合 Tabasco 的标准，需要持续的双向信息交流。Mcllhenny 向 Hugo Restrepo 提供专业知识，以换取只向 Mcllhenny 出售的承诺。这家美国公司每年派出两名经验丰富的农学家到哥伦比亚大学研究质量和可靠性，其结果是相关作物和生产管理知识的重要转移。

从理论到政策

在研究了一些案例之后，并且简单地构建了一个分析框架来理解全球化对工业化的影响是如何以及为什么会发生变化，现在是时候转向政策含义并重新思考工业化政策了。

如汽车产业的案例所示，销售规模问题塑造了一代又一代的工业化思维。这就是为什么发展中国家采取积极政策旨在建立推广工业化和提高竞争力的良性循环的原因。但考虑到人力资源有限，很显然并非所有产业都能同时推动。这就提出了一个关键问题，就是具体地推动行业发展的步骤。

传统的发展阶梯：对行业排序

为了使"大推进"变得更容易，在第二次解绑之前的工业化是分步骤进行的。事实上，解绑前的想法是有一个"发展阶梯"，国家将从简单的工业开始，即使没有太多工业基础的情况，它们也可能具有竞争力。这些在初级工业，比如服装、纺织品、鞋类、家具等行业中的经验将促进产业竞争力的积累，而这些能力在制造更复杂的产品时将是有用的。这一过程的经典再现可以在贝拉·巴拉萨（Bela Balassa）的著作中找到。

在 1985 年出版的《世界经济的变化与挑战》(*Change and Challenge in the World Economy*)一书中,他用这种方式描述了问题:"这一进口替代的第一阶段涉及用国内生产替代纺织品和皮革等非耐用消费品的进口。这也被称为进口替代的'容易'阶段。"这些行业的生产过程大多涉及非熟练劳动力,对规模经济的要求也不是很苛刻。对于这些商品,"有效的生产不需要零件、部件和附件供应商网络。"换句话说,对这些行业而言,没有什么鸡和蛋的问题,因此它们形成了发展阶梯最底层的部门。

他继续写道:"进口替代的第二个阶段包括了对中间品的进口替代和用国内生产替代生产者和消费者的耐用品。"这个阶段因其需要大规模经济以及组织和技术上的挑战而十分困难。[6]

中国台湾的例子

这种从简单到复杂的产业进化过程可以从中国的台湾地区的经验中看到。中国台湾地区是为数几个在全球价值链革命前工业化的经济体之一。战后初期,中国台湾地区非常封闭,主要出口糖和茶。从图 9.3 可以看出,台湾地区跷跷板的农业部门在 20 世纪 50 年代明显下降,发展战略包括促进农业和通过进口替代促进工业。

台湾地区的进口替代政策一直维持到 20 世纪 50 年代末,当时它被一项促进非熟练劳动密集型制成品出口的政策所取代。这一转变从内需转向外需,成功地满足了非熟练劳动密集型商品的需求。如表 9.1 所示,农产品在出口中的份额迅速下降,从 1952 年的几乎 100％下降到 1965 年的 50％以下,1975 年下降到 10％以下。

第一批出口制成品是纺织品,几年后才出口服装和鞋类。再后来出口电动机械。到 20 世纪 70 年代中期,非电动机械和运输设备的数量在不断增加。读者应该熟悉现在的台湾地区,它是高科技、高精度电子产品出口地，特别是像宏基电脑这样的电子产品。此外，中国台湾地区现在是全球价值链革命的正式成员，其公司，如富士康，在美国、欧洲和日本公司的国际生产网络中扮演着核心角色。

在第二次解绑之前，政策的重点在于行业发展的顺序，所以关键问题就是：接下来应该发展哪个行业？第二次解绑从根本上改变了这个问题。

表 9.1　中国台湾地区的发展阶梯：从 1952—1976 年的出口模式

	出口份额，主要商品						
	1952 年	1955 年	1960 年	1965 年	1970 年	1975 年	1976 年
农产品	**13.0**	**26.4**	**6.8**	**19.9**	**2.3**	**0.4**	**0.2**
加工农产品	**74.4**	**58.5**	**52.5**	**25.5**	**10.0**	**8.1**	**4.2**
制造产品	**2.4**	**4.0**	**21.3**	**34.7**	**64.6**	**65.1**	**66.5**
纺织品、服装及鞋履	0.1	0.9	11.6	10.3	13.8	10.1	10.0
	0.8	1.4	2.6	4.9	16.8	20.4	20.7
塑料制品	0.0	0.0	0.0	2.6	5.1	6.5	6.5
电机及电器	0.0	0.0	0.6	2.7	12.3	14.0	15.7
胶合板	0.0	0.1	1.5	5.9	5.5	2.5	2.3
非电动机械	0.0	0.0	0.0	1.3	3.2	4.4	4.0
运输设备	0.0	0.0	0.0	0.4	0.9	2.2	2.5
金属产品	0.0	0.0	0.6	1.1	1.9	2.6	3.0
水泥	0.7	0.0	0.7	1.9	0.7	0.1	0.2
碱性金属	0.8	1.6	3.7	3.6	4.4	2.3	1.6
其他	**10.2**	**11.1**	**19.4**	**19.9**	**23.1**	**26.4**	**29.1**
出口总额(百万美元)	13	12	164	450	1 481	5 309	8 166
出口占 GDP 份额(%)	8.5	8.2	11.2	18.4	29.5	41	51.9

中国台湾地区是一个典型的"雁行"的发展模式。它开始于农业品并且逐步走向简单的工业品，最后开始出口复杂工业品。每次到达新的阶梯上时，它就会放弃原先占统治地位的出口产品。

资料来源：T. H. Lee and Kuo-Shu Liang, "Taiwan," in *Development Strategies in Semi-Industrial Economies*, World Bank Research, ed. Bela Balassa (Baltimore and London: Johns Hopkins University Press, 1982), 310—350. Table 10.12。

顺序问题不复存在：从行业到生产阶段

当信息与通信技术革命使发展中国家加入国际供应网络成为可能时，传统的进口替代政策顺序，甚至是整个发展阶梯的概念，变得越来越无关紧要。这种新的能力将排序问题从"什么部门"或"什么产品"转变为"什么工序"或"什么部分"。如前所述，这一转变意味着，对于那些成功加入全球价值链的发展中国家来说，大的推进可以分步完成。将发展模式从大推进转变为诸多小变化有三个关键含义。

比较优势更多的是一个区域概念，而不是一个国家概念。从全球价值链的角度考虑地区的竞争力时，不应孤立地看待每个国家。例如，缅甸加入"亚洲工厂"的行列是显而易见的。[7] 在日本、韩国、中国大陆、中国台湾和新加坡等国家或地区的货物、知识和人员流动方面，该地区会持续对低成本劳动力有需求。

相比之下，考虑一个试图与墨西哥竞争的南美国家，以作为美国生产工序的外包国。尽管信息与通信技术革命在很大程度上削弱了协同成本的约束，但运输零部件仍然需要时间，管理人员和技术人员需要时间通勤到离岸设施。这些因素使得南美地区很难像中美洲地区那样具有吸引力。

另一个在地理层面上的多重均衡情形是当一个地方出现了很多供应商的时候，那么在这个地方进行生产就是有吸引力的，而生产的规模效应又会吸引更多的供应商前来，由此循环就开始了。这样，集聚经济体会更加增大它们与 G7 集团接近的天然优势。我们可以将这一点表述得更加清晰。

距离的重要性也发生了变化。在工业化过程中，位置总是很重要的。自 18 世纪以来，欧洲人拥有一个巨大且彼此邻近的市场，这无疑是欧洲经济起飞的一个因素。但是，在信息与通信技术革命之前的距离通常是指对货物运输成本的影响。全球价值链革命后，世界面临着面对面的约束，出行时间成本变成一个更重要的因素。距离的重要性开始变得与传统的，即在此制造、在彼出售的方式不同了（见专题阅读 9.3 中的示例）。

产业政策风险变得较小。正如韩国和马来西亚汽车工业的例子所表明的那样，老式的、大力推行的产业政策的代价是非常高昂的。全球价值链革命通过降低整个过程的不确定性，降低了政策失误的成本。

专栏 9.3　位置、位置、位置：Avionyx 的例子

关键人员出差成本的重要性可以从哥斯达黎加 Avionyx 航空公司的营销材料中看出。"与购买房地产一样，外包时要考虑的三个最重要的因素：位置、位置、位置！Avionyx 总裁拉瑞（Larry Allgood）提到了在嵌入式软件工程领域工作外包的机会。"（嵌入式软件在许多行业都很重要，包括航空业。）

拉瑞认为，尽管印度（哥斯达黎加的主要竞争对手）有一些优势，但 20 小时以上的飞行时间和 12 小时时差会导致通信延迟时间太长，"这使得很难将所有团队成员纳入每周的电话会议。"

来回装运对于拉瑞的生意也很重要。他们生产的软件是与硬件并行开发的。因此，硬件需要多次跨国界运输。这些货物在印度可能会延迟几周，有时甚至一个月或更长时间，但拉瑞指出，到哥斯达黎加的货物可以在一到两天（通过联邦快递信件）内送上门，较大的货物也只要三到五天就能到货。

从"雁行"到"椋鸟"

许多人对工业化的思考,都是从发展的阶梯或顺序的角度出发的。例如,许多分析师经常提到在价值链上向上爬,就好像对行业进行某种线性排序。为了反驳这种误解,请考虑一个例子。

在1990年前后,南北方生产工序分拆开始之前,顺序问题被恰当地描述为"雁行"发展模式[首先由日本经济学家赤松要(Kaname Akamatsu)和他在一桥大学的学生提出]。这种发展模式设想了一个相当明确的产业序列,通过这个序列,一个国家可以走向富裕。我们将其称为A框架发展阶梯。

"雁行"也描绘了一个国际分工的维度。主要国家,领头雁,通常被认为是日本,它在初级行业积累了能力,使其能够在发展阶梯上的下一个部门获得竞争力。然而,同样的过程也提高了日本的工资,从而降低了其在较低级别部门的竞争力。这就为在队列里的下一只大雁打开了一扇门。第一波追随者(中国香港、新加坡、中国台湾和韩国)被称为新兴工业化经济体,或者称为"四小龙"。第二波的经济体(泰国、菲律宾、印度尼西亚和马来西亚)被称为"四小虎"。

传统的进口替代和有序发展的阶梯思维与生产分拆越来越不相关。突然,在队形最后面的大雁开始出口过去被认为是精密零件的东西。进化不是按行业逻辑,而是按生产工序逻辑,所以昨天的严格顺序被打破了。

表达这种顺序的改变的一种方法是把有秩序的雁阵替换成一堆椋鸟(图9.6)。椋鸟的确喜欢编队,但编队一直在改变——美丽有序,但很难预测。

图 9.6　大雁 vs. 椋鸟：第二次解绑打破了发展阶梯论

　　在第二次解绑之前,工业化必须一个行业接着一个地发生,因为国家需要在这个行业变得具有国际竞争力之前在国内建立供应链。这个发展阶梯的最开始几步包括只需要用到简单供应链的最终品,比如衣服和鞋袜。在这些轻工业中所获得的工业生产经验给国家向更复杂的工业品制造产业过渡提供了基础。在亚洲,这种按秩序发展的阶梯顺序也被称为"雁行"模型(如左图所示)。

　　自从第二次解绑允许国家参与国际供应链,这种发展秩序被打破了。国家开始按生产工序工业化,而不是按产业顺序工业化。举例来说,越南生产的线束是很多最终品(如冰箱、飞机)的零部件。所以右边图所示的一众椋鸟是这种发展模式的一个很好的比喻。

简单获利的幻想

　　事实上,通过全球价值链进入制造业可以使游戏变得更加容易并不一定意味着工业化更容易。这一点在我讨论全球价值链革命的新政策问题之前值得注意。

　　虽然从"大推进"转变为一系列小变化使一些发展中国家更容易获得制造业就业机会,但这也使结果本身的意义不大。由于全球价值链革命减少了产业的集中性并且与国内已有产业联系甚少,因此就业机会来得快,而且也能改变产业政策的走向。简单来说,发展中国家所要做的就是靠近供应链,提供可靠的工人,建立一个友好的商业环境。可以说,这是一个"即时"的行业。

　　然而,也正是由于相同的原因,全球价值链工业化的意义也不是很大。韩国汽车出口到美国是里程碑,在进口替代的策略中取得了完美的胜利。这些出口证明了韩国工业公司具备在全球市场上取得成功所必需的全部能力。越南向日本出口汽车零部件肯定会受到欢迎，但这些出口最多是该国在国际供应链中地位的证明。越南公司不具备广泛取得成功的必要能力。

换句话说，加入国际供应的能力制造了一个新的发展陷阱——这可能被称为"开城综合征"。朝鲜开城工业区也许是一个告诉我们不该做什么的完美例子。成立于21世纪初，开城工业区允许韩国公司利用朝鲜的低价劳动力。尽管朝鲜认为这是一个快捷的硬通货"摇钱树"，开城却没有采取任何措施来刺激朝鲜的制造业。事实上正相反，朝鲜当局尽了一切可能的努力以防止任何形式的溢出效应影响到其经济的其余部分。

对于其他发展中国家来说，朝鲜付出如此多的努力所阻止的溢出效应正是参与全球价值链的吸引力所在。真正的挑战是要利用全球价值链的生产提高生活水平，创造一个自力更生，自我持续，自我循环的工业化进程。

简言之，问题是：政策如何确保参与全球价值链能够通过更多和更好的工作、更优质的生活条件、更优越的培训、更完善的基础设施等，为国内经济整体发展提供帮助？这是我们的下一个主题。但读者请不要抱太大希望，我这里并没有答案。

新政策问题

对于决策者来说，关键问题是如何使全球价值链为国家的发展发挥作用。仅仅引进一些离岸生产设施，在出口加工区创造一些新的就业机会是不够的。工业化和更广泛的发展只有通过加强对这些国际生产网络的参与才能实现。但全球价值链并不神奇，它只是经济发展的导线。推动一个国家进入中等收入行列和更高收入行列的大部分政策工作仍需在国内完成。

发展意味着从一个国家的生产要素中获得更多的附加值。这就需要提高劳动技能和技术能力，以及解决国内市场失灵和增加社会凝聚力，以确保达成有利于经济进步的共识。

在世界银行 2014 年的一份报告《让全球价值链为发展服务》（*Making Global Value Chains Work for Development*）中，达里亚·塔格里奥尼（Daria Taglioni）和黛博拉·温克勒（Deborah Winkler）写道，在全球价值链问题上，出现了三个新的政策问题。[8]

● 如何进入全球价值链。
● 如何扩大和加强对全球价值链的参与。
● 如何将全球价值链参与转化为可持续发展。

全球价值链的进入问题

在全球价值链中，就像跳探戈一样，需要两个人配合。各国政府不能单方面规定全球价值链参与规则，它们必须吸引外国合作伙伴建立新的生产设施或邀请现有的国家公司加入它们的供应链。

如第 8 章所述，全球价值链生产需要两套政策。第一套政策是说服外国公司在发展中国家安全开展业务的政策。当这些公司建立生产设施时，甚至当它们与供应商建立长期关系时，它们都会面临有形和无形财产被窃取的风险。如果一个国家希望吸引全球价值链生产，它将需要找到一种方法来确保产权得到保护。

第二套政策涉及国际生产供应链中的跨境要素流动的阻碍因素。值得注意的是，这包括建立世界级的商业服务、使关键的技术和管理人员能够轻松进出，以及平稳可靠地将投入品运往这个国家和将产出从这个国家转移出去。

我已经说过,一般性的鼓励企业加入全球价值链的政策是必要的,但是在研究如何进入全球价值链的问题时,会出现更具体的问题。例如,一个发展中国家应该鼓励哪种企业进入哪一生产阶段?

这是一个复杂的问题,有许多具体的情形,但有一点值得强调:生产阶段的选择应该由发展中国家的地理位置来决定。当谈到零部件的往来贸易时,一个离 G7 很远的国家,比如说秘鲁,几乎没有机会与位于 G7 附近的发展中国家竞争,比如墨西哥。这表明,秘鲁必须将重点放在物理距离不那么重要的产业上,例如,涉及服务的生产阶段。

这个问题的另一个方面是对要加入的全球价值链类型的评估。一个关键的区别是买方主导和卖方主导的全球价值链。第 3 章讨论的庞巴迪案例是杜克大学社会学家加里·杰罗菲(Gary Gereffi)所说的"生产者驱动的价值链"的一个例子。"全球价值链"一词有助于让经济学家将全球价值链视为不仅仅是 FDI——值得注意的是,在生产者主导的网络中,是生产商负责安排国外生产,并将其与国内生产、营销、销售、售后服务相协调。

另一种国际生产网络为买方驱动型。这里的买家——比如说,像汤米·希尔费格(Tommy Hilfiger)这样的大零售商。买方知道将要出售什么,然后将订单传递给像利丰有限公司(Li & Fung Limited)这样的中介机构,后者与庞大的供应商网络合作。利丰没有工厂,但与 60 多个国家的 15 000 多家供应商有着长期的合作关系。买方通过提供关于颜色、装饰、纺织品、拉链类型等非常具体的说明,将公司特殊的知识技术输入到供应链中。

举例来说,汤米·希尔费格 150 美金一条的卡其裤是很多国家比较优势的综合。它包括美国零售商的营销零售知识;中国香港中间商的物流运输、质量检测和供应链管理技术;以及马来西亚工厂的生产能力。

虽然我们还需要更多的研究，但似乎有理由认为生产者驱动的价值链可能涉及更多的技术转移。虽然以买方为主导的连锁企业往往有利于帮助发展中国家企业遵守更高的标准，但此类网络中的企业往往是零售商而不是制造商。这限制了它们帮助发展中国家提高生产水平，虽然这只是一个猜测。

如何扩大供应链参与

为了避免"开城综合征"——只创造了一些好岗位，但没有真正的溢出效应——发展政策需要找到将全球价值链的初始活动与更广泛的国内经济活动联系起来的方法。由于联系更紧密，参与更可能引发溢出连锁效应，例如扩大产业能力范围、知识传播、管理人员培训等。最终目标是为工人创造更多更好的工作机会，并鼓励当地公司开展新的经济活动。

就政府如何实现这些目标而言，却是没有什么新鲜的，因为这里的政策设计背后的经济逻辑与全球价值链之前的政策一样。政策额外的收益往往来自供给侧的联系（在大解绑之前的发展文献中称为上游联系）、需求侧联系（或下游联系）和劳动力技能的形成。

需求联系在很大程度上是旧的进口替代方法的重点。例如，韩国向美国出口大量汽车的目标之一就是产生对发动机的足够大的需求，使当地的发动机生产的平均成本更低。这也是泰国对日本汽车制造商实施本地生产内容限制的目标。

供给侧的联系有些新内容。例如，如果突然有一家世界一流的纺织染料生产商给孟加拉国提供染料，认为飒拉（Zara）制造衬衫，那么无关的孟加拉国服装制造商可能会发现他们比其他面临染料进口延误的国家更具优势。

技能升级是容易理解的,技能可以通过在职工作经验积累。管理人员和技术人员能在工作中学习。因此,在全球价值链的生产设施里工作的经验可以为更高收入的工作或向当地公司跳槽铺平道路。

提高质量也是一个相关问题。质量升级是许多之前的例子中出现的一个主题。现代制造业对产品的质量低下是零容忍的,但幸运的是,达到高质量标准是可以学习的。这一点可以通过越南 Hai Ha Company 的案例来说明,该公司目前向欧洲主要生产商提供摩托车零部件(见专栏9.4)。

专栏9.4　出口摩托车零部件给欧洲

荷兰援助机构 CBI 的顾问在 Hai Ha Company 实施了一项持续改进计划。为了提高生产效率,顾问霍夫曼(Rolf Hoffmann)采用了"5S"的方法来提高质量。第一个 S 是指"分类"(sorting),它涉及车间工具的分类,所有不重要的东西都被清除了。第二个 S 是"稳定"(stabilizing),这意味着一切都运行良好。第三个 S 是"清洁"(shining)以用来加强工作场所整洁和良好的组织化。最后两个 S 是"标准化"(standardizing)和"持续化"(sustaining)。前者是规范所有人的工作程序;后者是指让经理一致地执行前四个 S。

这些简单的实践方法帮助 Hai Ha Company 达到了欧洲的质量和可靠性标准。它们的例子说明了第二次大解绑中"专有技术"的含义,专业知识绝不仅仅是技术知识或高级管理技术。在贫穷国家,最重要的事情可能就是在 G7 国家的工作场所被视为理所当然的非常基本的做法。[9]

可持续性问题

最后一个问题也许是最容易写的，但却是最难做的。它所涉及的无非是改变社会。社会升级意味着公平分配全球价值链所创造的机会和成果，这需要劳动法规和监测以及职业安全、健康和环境规则等的支持。这些关键政策的制定和必要性实际上和以往的政策差不多，并没有什么针对全球价值链专门的内容。

事实上，认识到全球价值链为繁荣开辟了一条新的道路是很重要的，但它们并不能减少发展中真正困难的事情。

老问题仍然存在

考虑到新全球化对工业化的影响，一种方法是说它改变了"总体规划"的性质。韩国和中国台湾推行的行业阶梯的总体计划不再像以前那样重要。但是，正如那些对现实世界中的"变革管理"有经验的读者所知道的那样，拥有正确的总体规划只会让你走到目前为止。真正困难的事情是现在如何行动起来。

当我们提及发展，最重要的实践问题是关于人的。人们需要学习基本技能，为他们在新的工作岗位中获取新的技能做准备。他们也必须流向有岗位存在的地方，于是人们就聚集起来，因此他们也需要新的房子、学校和本地服务。

一个进步是，发展需要在公司之间建立供应商和买方网络，在公司内部建立较小的生产网络。当一个国家从停滞不前的农业经济转变为快速变化的工业经济时，社会需要准备好迎接社会、经济、政治和代际变化。

还有其他的实践问题等待我们去解决。从公路、桥梁到机场和港口,都需要物理基础设施建设。同样,发展需要一个有利于迅速积累人力、物力和知识资本的法律基础设施。政治挑战也同样令人望而生畏,尤其是当国家开始出现深刻的社会、经济或种族分裂时。

简而言之,发展并非易事,但显而易见的是,世界需要更多地研究发展中国家要如何让全球价值链为它们的发展服务。

专栏9.5　发展中国家政策含义概要

本章探讨了全球价值链革命对发展中国家的影响。主要的结论是发展中国家现在可以通过加入供应链实现工业化。在第二次大解绑之前,它们必须在国内建立整个供应链,以便在国外具有竞争力。现在,它们可以通过加入一个国际生产网络而进行海外竞争。然后,诀窍在于扩大它们在这些网络中的参与度,以创造更多的好工作机会并促进可持续的增长。如何在实践中完成这一技巧仍然是一个没有被大量研究的领域。因此,本章主要依靠实例和简单的插图来做演示。

一些普遍适用的观点出现了。首先,由于工业化可以在全球价值链中分生产阶段进行(而不是像旧全球化世界那样按行业进行),工业化政策更容易,风险更小。工业可以通过一系列小变化而不是大推进来建立。第二,发展顺序问题因全球价值链革命中的生产阶段的碎片化而变得不再重要。发展中国家可能会直接转向出口看起来先进行业的产品,比如航空航天或汽车等。相反,新的问题出现了:应该加入什么样的全球价值链?该如何继续扩大和加强对全球价值链的参与?最重要的是,它如何将全球价值链参与转化为可持续发展?

最后一个关键点就是,全球价值链并不神奇。它们开辟了一条工业化的新途径，但并没有解决最困难的发展问题。成功的发展需要一系列的社会、政治和经济改革，这些改革在新全球化的今天仍然与以往一样困难。

令人鼓舞的是，在全球价值链时代，重新思考发展战略的想法正迅速流行起来。例如，世界银行设立了一个部门，帮助各国加入全球价值链，并在加入后获得更多的优质岗位。该部门正在与经济合作与发展组织（OECD）、世界贸易组织（WTO）和几个国家智库（如日本发展经济研究所）的机构努力合作。

这对学者来说是一个令人兴奋的领域。东亚、中欧和中美洲的政策制定者几十年来一直在尝试各种政策。现在涌现了一批新数据，我们可以据此更系统地思考哪一种政策最有效。

注释

1. Richard Baldwin, "Trade and Industrialization after Globalization's Second Unbundling: How Building and Joining a Supply Chain Are Different and Why It Matters," in *Globalization in an Age of Crisis: Multilateral Economic Cooperation in the Twenty-First Century*, ed. Robert C. Feenstra and Alan M. Taylor, 165—212(Chicago: University of Chicago Press, 2014).

2. 参见 David L. Lindauer and Lant Pritchett, "What's the Big Idea? The Third Generation of Policies for Economic Growth," *Economia* 3, no.1(Fall 2002):1—28。

3. 参见 Paul Krugman, "The Fall and Rise of Development Economics," in *Development, Geography, and Economic Theory* (Cambridge, MA: MIT Press, 1995), chap.1。

4. Dani Rodrik, *One Economics, Many Recipes: Globalization, Institutions, and Economic Growth* (Princeton: Princeton University Press, 2007), 55.

5. Harvey Leibenstein, *Economic Backwardness and Economic Growth* (New York: Wiley, 1957).

6. Bela Balassa, *Change and Challenge in the World Economy* (London:

Palgrave Macmillan，1985），209.

7. Richard Baldwin，"Managing the Noodle Bowl: The Fragility of East Asian Regionalism," *Singapore Economic Review* 53，no.3(2008):449—478.

8. Daria Taglioni and Deborah Winkler，"Making Global Value Chains Work for Development," Economic Premise No.143（Washington，DC: World Bank Group，2014），http://documents.worldbank.org/curated/en/2014/05/19517206/making-global-value chains-work-development.

9. Centre for the Promotion of Imports from developing countries（CBI），"How fast can you become part of the global motorcycle supply chain?" CBI Success Story，July 12，2012，https://www.cbi.eu/success-stories/how-fast-can-you-become-part-of-the-global-motorcycle-supply-chain-/136079/.

第五部分

展望未来

尽管人类一直在做出努力，但仍然没有人能够预测未来。这个事实使许多思想家不敢做出预测。正如中国先贤老子所说："知者不博，博者不知。"

但这是错误的。我们有责任认真考虑即将发生的变化，以便更好地为应对它们做好准备。正如亨利·庞加莱（Henri Poincaré）在《科学基础》（*The Foundations of Science*）中所写，"即使没有确定的预测，也比什么都没有预见要好得多。"[1] 基于他的话，本书的最后一章提出一些关于未来几年全球化如何变化的猜想。我的猜测是，这些变化将是激进的和破坏性的。

注释

1. Henri Poincaré, *The Foundations of Science*, trans. George Bruce Halsted, Cambridge Library Collection (Cambridge: Cambridge University Press, 1902, 1905, 1908/2014).

10　未来的全球化

我相信,未来的全球化会是一个更加激进的新变革。在人的出行成本和现如今的知识传播成本下降得差不多的时候,这种变革就会开始。

尽管世界范围内的大合流在发生,但富裕国家的工资仍然很高,而且有数十亿人希望也能拿到这样的工资。如今,他们还无法做到这一点,因为他们发现很难进入这些富裕国家。如果技术打开了这扇泄水闸,让这些人能够在人不用实际到达发达经济体的情况下,就能为其提供劳动服务,这对就业的影响将是惊人的。我猜想,这种技术离我们并不遥远。

本章的框架结构遵循未来学家约翰·奈斯比特(John Naisbitt)的建议:"预测未来最可靠的方法是试图了解未来。"因此,首先要处理的问题是调查当前在商品交换、知识交流和跨境人口流动成本方面的趋势。对这三种不同成本的可能轨迹进行权衡,最终得到我们的推测。以这些猜测作为数据,我们讨论推测未来的离岸生产和全球价值链革命将继续改变全球制造业的可能性。

本章总结几个简单的关于未来全球化的假设,并澄清了我所谓的"激进的新变革"。

未来三种成本演化的进程

全球化的"三级约束"就是三个递进的成本约束:从一个地方到另一个地方获取商品、知识和人的成本。自1820年开始实行现代全球化以来，技术进步普遍压缩了这些成本。然而，政治常常胜过技术。

第一次和第二次世界大战中，由于战争的影响，导致了贸易成本的飙升；在战争的高潮，关税也随之飙升。因为人的移动方式和货物差不多，战争造成的影响也使人口流动变得困难。然而，让人们从一个国家到另一个国家的最主要的困难与政府的政策有关。有一些国家的政策是积极鼓励移民的，还有一些是绝对禁止移民的。

因此，要仔细考虑全球化的未来，就必须从贸易成本入手，仔细考虑当今的政治和技术趋势。

贸易成本会大幅增加还是下降？

从原则上讲，20 世纪 30 年代这种贸易保护主义浪潮可能会大幅增加货物运输成本。但是我认为这样的浪潮再度发生似乎不太可能。为了应对 2008 年的全球危机，世界贸易在 2009 年经历了突然、严重和同步的崩溃。这是有史以来最大的跌幅，也是二战以来最严重的跌幅。失业率激增，政治家们面临着压力，他们需要做些什么。[1]然而，20 世纪 30 年代这种类型的大规模保护主义并没有再度复辟。*

如果保护主义措施不是由于异常的冲击再度复苏，很难理解到底是什么力量才能触发它。我的观点是，国际生产网络的兴起已经深刻地改变了政治保护——至少对那些已经参与这些网络的国家来说是如此。当一个国家的工厂跨越国界时，即使是在短期内，关上国门，禁止贸易也不能再拯救国内的就业。在 21 世纪的国界上筑起墙头会像在 20 世纪的工厂里筑墙一样摧毁工作岗位。简而言之，保护

---

* 此书作于特朗普加税之前。——译者注

主义对于希望获得或保持工业发展的国家来说是一个非常糟糕的想法。

然而,如果油价飙升,贸易成本可能会上升。未来的石油价格走势是不可知的。最近有专家表明,油价将长期保持在低位,但就在几年前,同样的专家们将认为三位数的油价将持续到 20 世纪 30 年代。*

第二次解绑是因油价下跌导致运输成本下降开始的(见图 10.1)。在通货膨胀调整后的价格中,一桶标准石油的价格从 1990 年的 40 美元减半到 2000 年的 20 美元;这使得国际运输货物更便宜。但第二次解绑仍在 21 世纪的第二个 10 年继续向前推进,尽管油价上涨五倍造成了强劲的阻碍。很明显,油价影响了商品的运输成本,但并不是决定性因素。

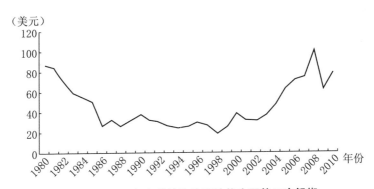

图 10.1　2000 年之前的油价下跌催生了第二次解绑

把 1990 年作为第二次解绑的开端,这幅图展示了生产解放始于低能源价格。油价平稳下跌了 10 年。但是,在世纪的转折时,油价却上升了,但第二次解绑并没有因此中断。说明运输成本不是决定性因素。

资料来源:U. S. Energy Information Administration（EIA）Annual Energy Outlook。

———————

* 此书作于页岩气发现之前。——译者注

通信成本

通信成本的轨迹似乎更容易预测。推动信息与通信技术革命的"定律"(摩尔定律、吉尔德定律和梅特卡夫定律)在其 S 曲线的上升部分(详见第 3 章)。这表明,在未来几年内,知识传播的成本可能会继续下降,即使没有任何星际迷航式的伟大的技术突破。

但技术并不是唯一决定国际通信成本的因素,政府的政策可以抵消信息与通信技术发展的成本效应。接下来的关键问题是,各国政府是否会有动机来关上通信交流的"水龙头"。

换言之,哪些政府将从减少 G7 国家向全球价值链内的发展中国家传授的知识中获益?

我们通过回到引言中足球队的类比来澄清这个问题。这个类比表明,旧全球化就像两个足球队交换球员,而新全球化则像是最佳球队的教练,在业余时间训练最差球队的球员。在这个类比中,跨境知识流动就像是跨团队的培训。很明显,最佳球队的教练有动机阻止知识的传播,而最差球队的队员则有动机促成知识的传播。也就是,G7 国家政府是唯一有明确动机来破坏知识流动的国家。

考虑到许多 G7 国家的反全球化情绪高涨,一个民粹主义政府可能会设法引发这种情绪,这并非不可能。但它们真的能做到吗?例如,很难确切知道美国公司是如何将知识转移到墨西哥工厂的。这一点,如第 3 章中庞巴迪的例子所说明的那样,意味着要真正彻底地关闭信息通信边界,才能阻止企业转移它们的知识和利用国外的低成本劳动力。

我的猜测是,至少在 G7 国家,社会开放的本能要比任何可能出现的保护主义本能都要强烈。因此,在国际上传播知识的成本可能会继续下降。

然而,通信技术(CT)只是信息与通信技术革命的一半。另一半涉及信息技术(IT)。正如第 6 章中关于生产分拆的讨论所阐明的,它和通信技术一起影响了分拆过程,但它们的作用方向是相反的。

在考虑全球供应链的未来时,我们必须考虑真正革命性的信息技术发展的可能性。其中一个可能的发展与计算机集成制造(CIM)有关。这不是未来的事情,它现在已经产生了巨大的影响。它已经使高工资国家的制造业发生了结构性转变,从机器帮助工人制造的局面转向工人帮助机器制造的局面。

然而,任务的集成和自动化并没有在工厂中停止。许多设计、工程和管理任务都已计算机化。计算机大大提高了生产效率和产品设计的速度,也大大减少了对原型设计的需求。一旦设计完毕,生产过程可以使用计算机辅助工艺规划系统一步一步完成,并且设计程序可以为数控机床创建指令。计算机辅助制造系统和自动化材料处理系统支持和集成了加工、成型连接、装配和检验等基本制造功能。库存控制也是自动化的,用于跟踪库存流动、预测需求,甚至创建采购订单。

考虑到这些最新的趋势,我的猜测是,至少在 G7 国家,我们将看到制造业的计算机化和自动化方面将会取得迅猛的发展。这些进步将远远不止在制造阶段使用更多的机器人。这将使新产品的设计和测试以及分销和售后服务更加计算机化。

面对面交流的成本,虚拟现实方案和远程机器人

第三种成本,即面对面的交流成本,也可能会持续下降。更具体地说,信息与通信技术正在为面对面的现场会议创造合理的替代品。这场"虚拟现实革命"是基于高质量的视频和音频系统的,它本质上

是做到极致的 Skype*。

思科所创造的远程显影就是一个例子。这结合了参与者的全尺寸图像，使用三个等离子屏幕、声音通道、高精度麦克风、定制照明和高清摄像头。音频的安排会使"左边"的参会者（这人可能在孟买）的声音听起来的确像是来自左边。

结果是，参会者之间传递的信息比音频会议甚至标准视频会议传递的信息要多得多。高质量的视频可以更好地读取人脸。心理学研究表明，"微表情"——瞬间面部变化仅持续二十五分之一秒——可以表明一个人是否有意识或无意识地隐藏了一种情绪。这些反应不能通过传统的视频通话或 Skype 来感知，事实上，这些非语言信息是面对面的会议通常比通话或 Skype 更能增进理解和信任的原因之一。

这些系统已经部署在高端服务领域。它们降低了在咨询公司和金融服务公司等企业举行面对面的会议的需要。然而，它们仍然很昂贵，而且仍然局限于固定设施。如果这样的系统变得更加便宜和移动化，就可以显著减少专家和管理人员前往远程工厂和消费电子产品交易中心的需求。当然，在很长一段时间内，面对面会议可能仍然是协调的一部分，但是会议的次数可以大大减少。

下一步是"全息临场感"技术。它投影了实时，三维全息图像的人（连同音频）。通过这样的方式，使它看起来好像那个远程的人就在你旁边。这使得参与者能够在互相交流时看到对方的身体语言。这是科幻小说中的幻想，但并非不可想象。思科已经演示了一个测试版。感兴趣的读者可以通过浏览"全息视频会议"来找到视频资料。

---

　　* 相当于微信通话。——译者注

　　远程机器人是另一个重要的趋势。毕竟人的移动不仅仅是关于人与人之间的会议，也是关于人与机器之间的互动。维持一个复杂的生产过程的运行通常需要专家手动处理各种形式的硬件。如果虚拟存在技术与目前在手术室使用的人工控制机器人相结合，技术人员就可以进行检查或从遥远的地方进行维修。

　　与远程显影技术一样，远程机器人技术的广泛应用也受到高成本的制约。但是，如果有可能开发出允许外科医生远距离为病人做手术的系统，那么当然有可能开发出允许坐在斯图加特的技术人员修理在巴西的机器的系统。考虑到制造业成本的下降，面对面交流的成本约束的和人机交互的成本约束的解除似乎只是时间问题。

　　这一趋势的一个重要补充是计算机翻译的迅速发展。在翻译文字方面，近十年来取得了令人称奇的进步。例如，在 2000 年，谷歌翻译（Google Translate）就为双语人士提供了很多帮助。苹果发布的"iTranslate"，可以将语音翻译成几十种语言。语言障碍是人类历史上一种重要的分离力量，可能很快就会被减小甚至消除。

生产分拆的未来

　　这些分离成本的可能趋势对全球化意味着什么？正如第 6 章中详细讨论的，生产分拆最好被认为是一个两步流程——生产流程如何细分（将其细分为更精细的阶段）和生产阶段在国家间的分布（离岸生产），即使两者是同时决定的。

　　更低的贸易成本和面对面交流成本的影响非常明显，使得将生产过程分为更精细的阶段变得更容易，同时也使得将更多的阶段转移到海外变得更容易。因此，这些趋势表明，G7 国家的生产分拆和将更广泛的生产阶段外包出去的趋势可能会继续下去。

如今，主要的离岸生产中心（中国、墨西哥、波兰等）的工资上涨减缓了这一趋势，但世界上仍有数以十亿计的低工资工人希望有机会离开农业加入国际生产网络中。他们的政府也都在努力实现这一目标（见前一章的讨论）。我的猜测是，北方高工资的推动和南方低工资的拉动将继续把制造业的工作岗位从 G7 国家转移到更多的发展中国家。

然而，正如第 6 章所解释的那样，改进后的信息技术的影响并不那么明显。供应链的分散化取决于专业化收益与额外协调所需成本之间的相互作用。一些类型的信息与通信技术——特别是更好的通信技术——降低了专业化的成本，从某种意义上说，它们使协调更精细的分工更加容易。这推动了更多的生产过程碎片化。其他类型的信息与通信技术——尤其是机器人技术和计算机化——减少了专业化的好处，因为它们使一个工人更容易处理更广泛的任务。简而言之，通信技术是一种帮助碎片化的力量，而信息技术是反碎片化的力量。一直以来，虚拟现实是更尖端的通信技术的一个极端例子，这种技术将推动企业朝着更加精细的分工方向发展。

《经济学人》2012 年一份有趣的特别报告进一步推断了这些趋势。[2]它指出，由于"3D 打印"技术（又称"附加制造"）的出现，制造业可能正在经历一场新的工业革命，它将几乎所有的制造阶段集合在一台机器中完成。结合计算机辅助设计系统进行虚拟设计，3D 打印变得越来越像星际迷航里的复制机。虽然这种技术似乎要过几年才能成熟，但我们显然正在走向一个"如果我能想象，电脑就能为我创造"的现实。

先进机器所完成的大规模定制和 3D 打印将严重破坏全球供应链的生产分拆。无论这些机器最终是在高工资、高技能的国家生产，还是分布在靠近客户群体的地方，其影响都将是供应链贸易的大幅减少。简而言之,数据传输将取代货物运输。

将焦点从生产过程的碎片化转移到生产阶段在国家间的分布会引发一系列不同的问题。如第 6 章所述,决定将生产阶段迁移到国外取决于这样做的成本和收益。总的来说,降低任何分离成本都会使外包更具吸引力,因为尽管存在巨大的趋同,全球范围内仍然存在着巨大的工资差异。但这并不是离岸生产还会继续下去的唯一原因。

虽然我们在讨论离岸生产时主要关注工资差距和分离成本的阻碍作用,但还有一点,也就是市场规模也很重要。因为厂商总是倾向于把生产地点设在消费者附近。当 G7 国家市场在全球占主导地位时,那么这是一个为它们保留自己的制造业的理由。随着大合流的深化,这个理由将从反对外包生产转向支持外包生产。毕竟,发展中国家的客户数量比发达国家增长得更快。

到目前为止的推理忽略了离岸生产的下一步是什么的问题。由于它很重要,尤其是因为发展中国家试图加入全球价值链革命,因此这是下一个需要考虑的问题。

未来外包的目的地

为了对未来外包生产目的地进行推测,有必要回顾一下,如第 6 章所述,生产阶段的分拆由分散作用和集聚作用之间的平衡控制。集聚作用使集群具有吸引力,这有两个含义。首先,集聚作用使得企业不愿意将生产阶段外包出去,因为它们倾向于和它们在 G7 国家里的消费者和供应商捆绑在一起。第二,如果某个阶段外包出去了,那么它们倾向于向预先存在的集群发展。这就是为什么那些已经获得离岸生产阶段的国家将倾向于继续推动它们的发展。这是鸡和蛋问题的逻辑,就是拥有一只鸡通常会孵化更多的鸡。然而,与此相反的是工资的趋势。

工资在这个平衡的分散作用方面至关重要。最初,生产阶段从北方转移到发展中国家的工厂,特别是中国工厂,当地工资几乎没有增长,甚至没有增长。根据"三级约束"的推理逻辑,原因是知识和技术在某种意义上并没有真正进入中国。因为外包生产只发生在特定城市的特定行业的特定工厂里。当一些提高工资的溢出效应发生时,G7 国家的公司试图限制或延迟这种溢出。此外,最初,外包生产在当地整体经济中所占比例很小。用诺贝尔经济学奖得主刘易斯(Arthur Lewis)的话说,这是"经济发展过程中的劳动力无限供应阶段"。[3]

然而,快速工业化国家的劳动力已经开始有了更高的工资。因此,最不需要技能的劳动密集型阶段已经开始向更低工资的发展中国家转移。生产分拆的基本逻辑表明,这种趋势将继续下去,创造出21 世纪版的"雁行模式"(详见第 9 章)。然而,我猜想这种模式可能只会发生在技能密集度最低的阶段。它已经在东亚开始,在那里新的低工资国家,如越南和孟加拉国,已经加入了全球价值链革命。一旦工资上涨到足够高的水平,离岸生产的目的地可能会进一步扩大。

虚拟现实革命将加速这种进展。通过降低面对面交流和人机交互的成本,这种革命将使国际生产网络对地理距离的敏感度降低,从而让生产工序更容易外包到更多的发展中国家。

我的猜测是,第二次解绑的地理分布注定要蔓延到非洲东海岸。东非比南美洲更接近欧洲,更接近印度和东亚。事实上,从古代开始,东非就是中东、印度和中国之间贸易模式的一部分(见第 1 章)。

两个进一步的猜测

如前所述,发达经济体和迅速工业化的发展中国家之间的工资收入正在趋同。由于一开始这两个国家集团之间的工资差距很大，这为生产外包提供了支持。人们可能会认为缩小的工资差距会减少这两个国家集团之间的贸易。我认为这是错误的。相反，我推测这两个国家集团之间的贸易将类似于当今发达国家之间的贸易，即大量的制成品双向贸易（也称为供应链贸易）。

如第 3 章所示，在第二次解绑之前，供应链贸易在加拿大、美国等临近的发达国家以及西欧国家内部就已经盛行，在现在仍旧很普遍。这种贸易是由极端的专业化驱动的，这种专业化使某个特定的企业能够成为某个特殊领域的中间品的低成本供应商（见第 6 章）。换言之，这种贸易是基于企业层面在某一方面的先进生产力，而不是基于国家之间的工资差距。

这种从基于低工资的成本竞争力转向基于企业层面的先进生产力的成本竞争力的趋势已经开始。像中国这样的发展中国家正在国内生产更复杂的中间产品，而这些中间品以前都是进口的。例如，中国是世界各国中间产品的主要供应商。[4]我相信这种趋势将继续下去，这样企业的专业化将补偿任何由于工资上涨而造成的贸易的下降。

就业的两极分化是未来全球化的另一个重要方面。到目前为止，推动这一进程往往会使富裕国家的工作格局两极分化。一方面，它产生了涉及大量技术和高科技机器的职位；另一方面，它也产生了相当低级的岗位。第 3 章南卡罗来纳州工厂的例子非常准确地说明了这一点。

我希望全球化还是会继续下去。由于常规的、低技能的和重复性的任务更容易计算机化和自动化，因此推进信息技术发展很可能会继续淘汰涉及此类任务的职业。同时，更加密集地使用先进的生产机器将使剩下的工作更加技能、资本和技术密集。这就导致了在

生产所需技能上的两极分化。常规的低技能任务被捆绑进了高技能
职位中，而剩余的低技能任务通常是高劳动密集型的，因为它们不那
么常规，不能被计算机化和自动化。由此这些生产阶段将涉及更多
的资本密集型、更多的技术密集型和更多的技能密集型的生产过程。
这使得把这些生产阶段放在发达国家是有利的。粗略地说，这一趋
势表明，G7 国家将有更多的高技能工人和机器人工作。低技能和中
等技能的工人将看到他们的岗位被替代或被外包。

从深层次来看，这种两极分化源于这样一个事实：计算机是一些
工人的替代品，但是也是另一些工人的互补品，正如大卫·奥特
（David Autor）、拉里·卡茨（Larry Katz）和梅丽莎·卡尼（Melissa
Kearney）在 2006 年的论文《美国劳动力市场的两极分化》中指出的
那样。[5]

全球化的第三次解绑

这本书的中心前提之一是，了解全球化需要在三种“分离成本”
（贸易成本、通信成本和面对面交流的成本）之间进行明确区分。全
球化的第一次加速或第一次解绑是在 19 世纪商品运输成本骤降的
时候。全球化的第二次解绑发生在 20 世纪末，当知识传播的成本骤
降的时候。

如果人口流动的成本骤降，第三次解绑就很可能发生。我说的
不是那种可以让人们快速安全地跨越国界的技术，我所说的技术是
可以让人不用实际移动但仍然能够在远处出现。实现这个技术需要
两个技术：第一个是远程显影，即人们可以在同一个房间里交换知
识，开展会议；第二种方法是远程机器人技术，它远程实现人的手动
操作。在研究这些技术突破可能是什么样子之前，有必要从经济学

的角度考虑一下外包生产的实质是什么。

外包其实是套利活动

南北外包生产的经济学是基于高工资和低工资国家之间的套利。要明白这一点，我们可以用一种不寻常的方式来考虑外包生产，将外包视为从低工资国家获得低工资劳动力服务的一种手段。考虑一家公司，它拥有先进的技术，总部设在 G7 国家，比如说美国。为了将其技术与低成本劳动力结合起来，该公司必须要么将墨西哥人带到美国工厂，要么将其大部分工厂转移到墨西哥。如果它把墨西哥人带到美国的工厂，墨西哥人的劳务就存在于直接销售的商品中，或者作为销售商品中投入的生产要素。如果将这些生产工序外包给墨西哥，墨西哥人的劳务将会体现在出口到美国（或其他市场）的中间产品上。

在一个非常抽象的经济模型中，这两个选择是等价的，但在现实世界中，移民通常是困难的、昂贵的或被禁止的，所以公司会选择支持外包生产的方案。但无论是哪种选择，公司都能从购买低工资的墨西哥劳务而不是高成本的美国劳务中节省大量成本。换言之，外包生产那是实现在国际工资差异间套利的一种方式。

远程机器人、远程显影，以及"虚拟移民"

这种通过外包生产的套利方式并不是对所有的经济活动都是可行的。为了让生产外包能够运作，该公司需要以某种方式将墨西哥劳务从墨西哥运出。对于许多类型的工业品来说，这是很容易的，因为正如前面提到的，只需要将劳务作为生产要素投入到即将出口的中间品中就行了。但对于许多其他类型的活动，特别是服务活动，劳务不能与劳动者分开。例如，使用墨西哥劳工来照料美国人的花园的唯一方法就是让墨西哥人待在花园里。

远程机器人技术可以为体力劳动者改变这一切。它将允许发展中国家的工人在没有实际在发达国家的情况下在发达国家内部提供劳务。这称为"虚拟移民"或是体力劳动者远程办公。奥斯陆的酒店房间可以由身处马尼拉的女佣打扫，或者更准确地说，可以由菲律宾工人控制的奥斯陆机器人打扫。美国购物中心的保安可能会被坐在秘鲁的保安驾驶的机器人所取代，或者可能会有一个人类保安，而有十几个遥控机器人远程协助他。

远程劳动供给的流动很可能会是双向的。从发展中国家向发达国家提供低技能远程服务，从发达国家向发展中国家提供高技能远程服务，这是一个普遍的趋势。例如，经验丰富的德国技术人员可以通过控制放置在中国工厂中的精密机器人，在中国修理德国制造的资本设备。

对于生活在发展中国家的脑力劳动者来说，远程显影也可以做到这一点。当远程临场会议设施变得更加便宜和便于携带，且全息远程显影被普及化时，面对面会议的需求也将大大减少。这将使远距离协调脑力服务供给变得更加简单。

考虑到工程师、设计师、会计师、律师、出版商（不要忘记经济学教授）之间存在着巨大的南北薪酬差异，如果我们能将商业服务碎片化，那将会产生大量的"虚拟外包服务"。也就是说，远程显影将使专业人员在 G7 国家的办公室和大学中工作，却不需要真正置身于那里。

然而，这只是现在所发生的事情的放大。"微工作"或"微外包"是指能够让个人在所有工作都通过网络进行的情况下执行小的、不连贯的任务，这些任务是作为一个更大项目的一部分。虚拟显影将使碎片化和外包变得更容易协调。可以把它看作是更多更广的微外包。

当然,外包简单的模块化服务是一个老生常谈的故事。各种各样的后台工作已经被外包了,但这种情况可能会更进一步。从银行业到法律咨询等一系列领先的服务提供商需要支付大量的费用给他们的员工,让他们坐在昂贵的办公场所中,这是因为人与人之间的互动至关重要。全球化的第三次解绑可能会改变这一现象。

简言之,全球化的下一个根本性变化很可能涉及一个国家的工人在另一个国家承担服务任务,而这些任务现在需要劳动者真人去做。或者说,全球化的第三次解绑很可能意味着劳动服务与劳动者的分离。

结论

通过远程临场和远程机器人技术可以放松面对面交流的约束,将使劳动服务与劳动者更容易分离。这可能会产生两个巨大的变化。第一个是发达国家的工人和管理者将他们的才能应用于更多的发展中国家,而他们实际上并不需要到这些国家去。

迄今为止,全球价值链工业化的奇迹仅发生在少数几个发展中国家,其中大多数国家地理位置上靠近日本、德国和美国。然而,南北双方在知识技术上的不平衡仍然相当严重。对这种不平衡进行套利的机会是很多的。随着迄今为止受惠最多的国家(尤其是中国)的工资上涨,以及远程临场和远程机器人技术的进步,拥有先进技术的公司可能会越来越多地利用它们的知识与(例如在非洲或南美的)更低成本劳动力相结合。中国企业可能率先采取这一新措施,以应对中国工资上涨带来的竞争力损失。

如果全球价值链革命的地理范围真的扩大了,那么更多的发展中国家可以进行快速工业化。这可能重燃大宗商品的超级周期,并将继续推动大合流时代。

第二个重大变革来自发展中国家的工人将自己的才能运用到发达国家中而非亲自去发达国家。对于制造业来说，这将是一个进步，也是生产过程分拆和外包的继续。但是，与其将生产阶段转移到国外以利用较低成本的劳动力，这些劳动力将会通过远程办公在发达经济体的工厂中工作。第8章讨论的第二次解绑的所有影响都将通过这种虚拟移民得到放大。

对于服务业来说，这种影响可能更具革命性。许多服务部门只是间接地受到第一和第二次解绑的影响，因为它们销售的服务基本上是不可贸易的。不可贸易性的核心是服务提供者和服务购买者必须同时在同一地点。真正廉价、可靠、无所不在的虚拟存在技术和远程机器人技术将打破这种必要性。非贸易服务将成为可贸易的。简言之，第三次解绑对服务业的影响可能与第二次解绑对制造业的影响相同。

在这种对未来的投机观点中，第二次解绑给制造业带来的所有的好坏后果都将同样适用于服务业。因为大约三分之二的工作岗位都在服务业，这一影响可能是历史性的。在广泛的服务行业中，富裕国家的工人会发现自己与那些远程提供劳动力服务的贫穷国家的工人之间存在着直接的工资竞争。但当然，与富裕国家工人的这种挑战与竞争将是贫穷国家工人的一个机会。

从这些变化的角度来看，有必要将其与人工智能将如何激烈的改变人类社会放在一起讨论。根据《第二次机器革命》（The Second Machine Age）的作者埃里克·布莱恩约弗森（Erik Brynjolfsson）和安德鲁·麦卡菲（Andrew McAfee）的说法，在不久的将来，人工智能将以非常系统的方式在发达国家用机器人取代人类。[6]作者指出，这将对从卡车司机到投资经理的职位产生巨大影响。我认为"远程智能"(RI)最终至少会有与人工智能一样的变革性。毕竟,当远程操作人员的反应更为迅速时,为什么还要选择计算机操作人员呢?(尤其是在语言壁垒被同声翻译所打破之后)?简而言之,我建议我们都应该提前考虑远程智能的影响,而不仅仅是人工智能。

结束语

我找不到合适的方法来结束这本书。总结前面所需的篇幅就太长了,而且我已经提供了关于未来的推测。相反,我将以一句老掉牙的话结束:"事情已经发生了如此之大的变化,以至于连未来都不再是过去的样子。"

我希望这本书能提醒你,今天的全球化与你父母所在的全球化时代不同。明天的全球化很可能与今天的也不同,根本原因是驱动力发生了变化。直到 20 世纪末,主要的驱动力还是大幅削减的货物运输成本,这是由蒸汽革命导致的。当信息与通信技术革命来临时,显著降低的知识传播的成本成为了主要驱动力。在未来,主要的驱动因素可能是虚拟现实革命产生的远程显影和远程机器人技术成本的显著降低。

如果我的预测是对的,那么政府和企业必须开始重新思考全球化并研究相应的对策。

注释

1. 详见 Richard Baldwin, ed., *The Great Trade Collapse: Causes, Consequences and Prospects* (London: Centre for Economic Policy Research, November 2009)。

2. "A Third Industrial Revolution," *The Economist*, April 21, 2012, 15.

3. 参见 Arthur W. Lewis, "Economic Development with Unlimited Supplies

of Labor," *Manchester School of Economic and Social Studies* 22 (1954): 139—191。

4. 详见 Richard Baldwin, and Javier Lopez-Gonzalez, "Supply-Chain Trade: A Portrait of Global Patterns and Several Testable Hypotheses," *World Economy* 38, no.11(2015):1682—1721。

5. 参见 David H. Autor, Lawrence F. Katz, Melissa S. Kearney, "The Polarization of the U.S. Labor Market," NBER Working Paper 11986, National Bureau of Economic Research, January 2006。

6. Erik Brynjolfsson and Andrew McAfee, *The Second Machine Age: Work, Progress, and Prosperity in a Time of Brilliant Technologies* (New York: W.W. Norton and Company, 2014).

致　谢

　　这本书花了很长时间写作。最早的想法源自我在 2006 年底为芬兰总理所做的一个项目"欧洲和芬兰在全球化中面临的挑战"。"全球化"的含义很快就从根本上发生了变化——例如,《经济学人》杂志在 2007 年 1 月用一整页来报道我的这个项目。但是全球金融危机的发生让同时作为教授和政策制定者的我本人,将这些事情都放在了一边,一放就是好多年。在 2010 年左右,当全球化重新回到政策制定者的视野中时,我才开始就这个主题写作和演讲。到了那个时候,我才明白这个主题需要一本书来诉说。

　　我想感谢我的学校,日内瓦高级国际关系及发展学院,它给予了我很多支持和帮助,包括让我从 2013 年开始就开始告假专注于写作这本书。也同样感谢阿德莱德大学,在 2013 年 10—11 月期间在那里作为访问教授的时候,我列好了本书的主要提纲。经济学院给我提供了最好的环境来写作这本书。我想要感谢理查德·庞弗雷特(Richard Pomfret),基姆·安德森(Kym Anderson)以及曼达尔·奥克(Mandar Oak),他们与我讨论并热情地给予我支持。

　　我想要鸣谢我的合作者所作出的贡献,他们在几篇纯理论文章中对一些基本的理论机制作出的强调和澄清(请看文中的引用)。弗雷德里克·罗伯特-尼库(Frédéric Robert-Nicoud)和我论证了 21 世纪的贸易可以用 20 世纪的赫克歇尔—俄林模型来解释。重要的是,这篇文章形成了我关于第二次解绑的观点。第二次解绑应该被认为是两个基本要素产生的现象,它们是生产过程的碎片化和企业内部的技术转移。安东尼·维纳布尔斯(Tony Venables)和我写过一篇文章通过理论来探究外包和集聚的联系,模型预测到近年来原来外包出去的生产工序的回流。当讲到全球化和经济增长的时候,我用到了菲利普·马丁(Philippe Martin),詹马可·奥塔维亚诺(Gianmarco Ottaviano)和我一起合写的第一个关于集聚—竞争增长模型,以解释这本书里提到的大分流。菲利普和我后来又发展出一系列理论着重于贸易成本和知识益处之间的联系会造成 19 世纪的大分流和 21 世纪的大合流。

在经济政策端,西蒙·伊文尼特(Simon Evenett)、帕特里克·洛(Patrick Low)和我在 2007 年为 WTO 的文章中论述了贸易政策的影响。西蒙和我后来又在 2010 年为英国政府所写的文章中论述了产业政策的影响。

图书在版编目(CIP)数据

大合流:信息技术和新全球化/(瑞士)理查德·
鲍德温著;李志远,刘晓捷,罗长远译. —上海:格
致出版社:上海人民出版社,2020.11(2023.9 重印)
ISBN 978-7-5432-3124-5

Ⅰ.①大… Ⅱ.①理… ②李… ③刘… ④罗… Ⅲ.
①信息技术-通信工程-研究 Ⅳ.①TN91

中国版本图书馆 CIP 数据核字(2020)第 188957 号

责任编辑 程 倩
装帧设计 路 静

大合流:信息技术和新全球化
[瑞士]理查德·鲍德温 著
李志远 刘晓捷 罗长远 译

出 版 格致出版社
　　　　 上海人氏出版社
　　　　 (201101 上海市闵行区号景路 159 弄 C 座)
发 行 上海人民出版社发行中心
印 刷 上海商务联西印刷有限公司
开 本 890×1240 1/32
印 张 9.5
插 页 2
字 数 224,000
版 次 2020 年 11 月第 1 版
印 次 2023 年 9 月第 3 次印刷
ISBN 978-7-5432-3124-5/F·1300
定 价 59.00 元